Diese Mitteilungen setzen eine von Erich Regener begründete Reihe fort, deren Hefte am Ende dieser Arbeit genannt sind.

Bis Heft 19 wurden die Mitteilungen herausgegeben von J. Bartels und W. Dieminger. Von Heft 20 an zeichnen W. Dieminger, A. Ehmert und G. Pfotzer als Herausgeber.

Das Max-Planck-Institut für Aeronomie vereinigt zwei Institute, das Institut für Stratosphärenphysik und das Institut für Ionosphärenphysik.

Ein (S) oder (I) beim Titel deutet an, aus welchem Institut die Arbeit stammt.

Anschrift der beiden Institute:

3411 Lindau

EIN RECHENMODELL ZUR BESCHREIBUNG DES STRATOSPHÄRISCHEN OZONKREISLAUFS

von

WOLFGANG JESSEN

ISBN 978-3-540-06494-7 ISBN 978-3-642-86488-9 (eBook)
DOI 10.1007/978-3-642-86488-9

Inhaltsverzeichnis

1. Einleitung 5
2. Photochemie der Stratosphäre 6
   - 2.1 "Trockene" Theorie [Chapman] 7
   - 2.2 "Feuchte" Theorie 9
   - 2.3 Stickoxide und Hesstvedt-Theorie 12
3. Stratosphärische Transporte 14
   - 3.1 Advektion und Turbulenz 14
   - 3.2 Austausch Stratosphäre - Troposphäre 15
4. Rechenmodell 16
   - 4.1 Differentialgleichung 17
   - 4.2 Gitternetz 17
   - 4.3 Differenzengleichung 18
   - 4.4 Randwerte 19
   - 4.5 Anfangswerte 20
   - 4.6 Programmablauf 21
5. Datenmaterial 23
   - 5.1 Absorptionskoeffizienten 23
   - 5.2 Solarspektrum 25
   - 5.3 Reaktionskoeffizienten 27
   - 5.4 Stratosphärische Parameter 28
   - 5.5 Windkomponenten 29
   - 5.6 Diffusionskoeffizienten 29
6. Ergebnisse 30
   - 6.1 Allgemeine Bemerkungen 30
   - 6.2 Chapman-Modell 32
     - 6.21 Photochemie 32
     - 6.22 Transporte 35
   - 6.3 Hesstvedt-Modell 35
     - 6.31 Photochemie 35
     - 6.32 Transporte 36
       - 6.321 Einfluß der Windkomponenten 36
       - 6.322 Einfluß der Großturbulenz 42
       - 6.323 Wasserdampfgehalt 44
       - 6.324 Variation der Reaktionskoeffizienten 45
   - 6.4 NO_x-Reaktionen 46
7. Schlußbemerkungen 48
8. Zusammenfassung 48
   - Summary 49
9. Formelzeichen 51
   - Literaturverzeichnis 52

1. Einleitung

Das atmosphärische Ozon ist heute Objekt routinemäßiger meteorologischer Untersuchungen sowie globaler atmosphärischer Forschungsprogramme in experimenteller und theoretischer Hinsicht. Eine Vielzahl geophysikalischer Phänomene läßt sich auf die besonderen chemischen und physikalischen Eigenschaften des Ozons zurückführen (Airglow, Photochemie der D-Schicht, Strahlungsbilanz der Mesosphäre und Stratosphäre, Photochemie langlebiger Spurengase, Photochemie der Stratosphäre).

Zu den wichtigsten physikalischen Eigenschaften des Ozons zählt seine Fähigkeit, Strahlungsenergie gewisser Wellenlängenbereiche zu absorbieren. Während der gewöhnliche Sauerstoff (O_2) für alle Wellenlängen $\lambda \geq 2400$ Å transparent ist, absorbiert Ozon (O_3) in drei meteorologisch wichtigen Bereichen.

Im Gebiet zwischen ca. 2000 - 3300 Å mit einem Maximum bei 2500 Å findet extrem starke UV-Absorption statt. Trotz der äußerst geringen atmosphärischen Gesamtozonmengen mit optischen Weglängen zwischen 0,2 und 0,4 cm [+)] verhindert diese Absorptionsfähigkeit ein Eindringen der harten UV-Strahlung (Wellenlängen $\lambda \leq 3000$ Å) bis zur Erdoberfläche und ist damit von grundlegender Bedeutung für die Existenz von Leben auf der Erde. Darüberhinaus bewirkt die UV-Absorption die Ausbildung des Temperaturmaximums in 50 km Höhe.

Außer im UV findet Absorption im sichtbaren Bereich (gelb-grün) des Solarspektrums statt. Obwohl die Absorption hier absolut um Größenordnungen geringer ist als im UV, ist sie meteorologisch von Bedeutung, da sie im Maximum des Solarspektrums liegt und damit zu Erwärmungen in der hohen Atmosphäre beitragen kann. Der dritte Absorptionsbereich liegt im Langwelligen (9,6 μ -Bande) und damit im Bereich maximaler Emission der Erdoberfläche und der unteren Atmosphärenschichten. Aufgrund seiner IR-Absorption kann das Ozon also auch direkt in den Strahlungshaushalt der Atmosphäre eingreifen.

An ca. 100 Stationen wird täglich der Gesamtozongehalt der Atmosphäre mit Hilfe optischer Verfahren bestimmt. Darüberhinaus wird an vielen Stationen mehrmals wöchentlich die Vertikalverteilung des Ozons aufgrund von Ozonsonden-Messungen ermittelt.

Die internationalen Forschungsvorhaben des Internationalen Geophysikalischen Jahres (IGY) und des Internationalen Jahres der Ruhigen Sonne (IQSY) haben uns wertvolles Material über die räumlich-zeitliche Verteilung des Ozons geliefert und erweiterte Einblicke in den Ozonkreislauf ermöglicht. Danach kann es heute als gesichert gelten, daß alles Ozon in der Erdatmosphäre durch photochemische Reaktionen gebildet wird. Als Hauptquellgebiet kommen dafür Gebiete genügend energiereicher Sonnenstrahlung in Frage, die in der äquatorialen Stratosphäre im Höhenbereich von etwa 28 bis 29 km zu finden sind.

Entgegen jeder photochemischen Theorie findet man jedoch die größten Ozonmengen nicht in der Äquatorregion sondern über Meßstationen hoher geographischer Breiten. Für diese Erscheinung macht man heute großräumige stratosphärische Meridionaltransporte verantwortlich, die ständig Ozon vom Quellgebiet in hohe Breiten verfrachten. Diese Ozontransporte weisen nach statistischen Untersuchungen [NEWELL 1963] charakteristische Jahresgänge auf und sind in beiden Hemisphären jeweils im Spätwinter und zum Frühjahr am stärksten ausgeprägt, während sie sich zum Herbst hin abschwächen, ohne jedoch zu versiegen.

[+)] Die Gesamtozonmenge wird in cm, reduziert auf Normalbedingungen, angegeben. In der Ozonforschung bezeichnet man 1 cm Gesamtozon auch als 1000 milli-atmo-cm (matm-cm) oder auch 1000 Dobson-Einheiten.

2.1

Nach FABIAN [1967] findet ein Ozonabfluß in der unteren Stratosphäre statt, der eng mit dem troposphärischen Wettergeschehen über einen Massenaustausch Stratosphäre - Troposphäre korreliert ist. Ozon, welches einmal durch diesen Austausch in die Troposphäre gelangt ist, wird dort durch chemische Reaktionen mit Aerosolen oder durch Kontakt mit der Erdoberfläche zerstört. Hierin besteht eine wichtige Senke des Ozonkreislaufs.

Sehr hohe Ozonkonzentrationen können lokal in einer verschmutzten Atmosphäre unter Einwirkung des Sonnenlichtes durch Stickoxidreaktionen katalytisch erzeugt werden. Dieser Mechanismus ist bis heute nicht restlos geklärt, gewinnt im Hinblick auf die Umweltverschmutzung aber in zunehmendem Maße an Bedeutung. Berühmt geworden ist in diesem Zusammenhang die "Los-Angeles-Atmosphäre" [HAAGEN-SMIT et al. 1953, RENZETTI 1959]. Für den Ozonhaushalt der Atmosphäre sind diese Quellen jedoch vorläufig vernachlässigbar gering.

Man kann das stratosphärische Ozon nach photochemischen Gesichtspunkten einteilen in das "hohe Ozon" (oberhalb 30 km), welches sich nahezu stets im Gleichgewicht befindet, d.h. ozonzerstörende wie ozonbildende Reaktionen heben sich hier in ihrer Wirkung auf. Unterhalb 30 km verlieren ozonzerstörende und -bildende Reaktionen an Bedeutung. Das einmal durch Transporte in diese Regionen gelangte Ozon hat hier eine relativ lange Lebensdauer (~ Monate), und es kann daher als idealer Spurenstoff (Tracer) zur Untersuchung großräumiger Zirkulationen verwendet werden.

In theoretischen Modellen, die der Untersuchung atmosphärischer Zirkulationen sowie der Verbesserung der mittel- und langfristigen Wettervorhersage dienen sollen, spielt die photochemische Bildung und Zerstörung des Ozons eine wesentliche Rolle, ebenso seine räumliche Ausbreitung durch Advektions- und Austauschvorgänge.

Es ist heute noch sehr schwierig, Ozon in numerischen Modellen zur Wettervorhersage zu benutzen, da der Rechenaufwand selbst auf den größten Computern jedes vertretbare Maß überschreiten würde. Dies liegt vor allem an den notwendigen photochemischen Rechnungen (UV-Bereich) und den zusätzlich notwendigen Strahlungsrechnungen (langwelliger Bereich).

Im folgenden soll ein Rechenmodell vorgestellt werden, welches den großräumigen stratosphärischen Ozonkreislauf unter Berücksichtigung von Photochemie und Transporten beschreibt. Ein derartiges Modell kann Aufschluß geben über die Funktionstüchtigkeit der heutigen photochemischen Theorien. Dies ist eine Grundvoraussetzung dafür, Ozon später in numerischen Vorhersagemodellen aktiv oder als Tracer zu benutzen.

2. Photochemie der Stratosphäre

Als erstes Glied des Ozonkreislaufs sollen im Abschnitt 2 die photochemischen Theorien nur so weit behandelt werden, wie sie später für das Modell verwendet werden. Zusammenfassende Artikel über die Photochemie des Ozons und Darstellungen des Beobachtungsmaterials sind in den letzten Jahren zahlreich veröffentlicht worden, so daß auf eine Abhandlung in monographischem Stil verzichtet werden kann. GEBHART et al. [1970] geben eine zusammenfassende Darstellung der Beobachtungen des Gesamtozons und seiner vertikalen Verteilung aus beiden Hemisphären für die Jahre 1957 - 1966. Darüberhinaus werden in dieser Arbeit die Beobachtungen mit theoretischen Modellrechnungen verglichen. DÜTSCH [1971] liefert den neuesten Übersichtsartikel über die Photochemie des atmosphärischen Ozons.

2.1 "Trockene" Theorie [CHAPMAN]

Die ersten Versuche zur Erklärung der globalen Verteilung des atmosphärischen Ozons gehen zurück auf CHAPMAN [1930]. In der von ihm aufgestellten Theorie wird eine sogenannte reine "Sauerstoff-Photochemie" behandelt, an der nur der atomare Sauerstoff (O), der molekulare Sauerstoff (O_2), Ozon (O_3) sowie ein beliebiges Molekül (M) beteiligt sind.

Folgende Reaktionen werden als wichtig betrachtet:

$$O_2 + h\nu \rightarrow O + O \qquad f_2 \qquad (2.1)$$

$$O_3 + h\nu \rightarrow O_2 \qquad f_3 \qquad (2.2)$$

$$O + O_2 + M \rightarrow O_3 + M \qquad k_2 \qquad (2.3)$$

$$O_3 + O \rightarrow 2 O_2 \qquad k_3 \qquad (2.4)$$

Es bedeuten:

h = Planck'sches Wirkungsquantum [erg · sec]

ν = Frequenz der Strahlung [sec^{-1}]

f_2, f_3 = Dissoziationsraten [$\frac{Photonen}{sec}$]

k_2, k_3 = Reaktionskoeffizienten

Die Reaktionen (2.1) und (2.2) heißen auch "optische" Reaktionen, da sie nur unter Einwirkung des Sonnenlichtes stattfinden können. (2.1) ist die Dissoziation des molekularen Sauerstoffs in zwei Sauerstoffatome. Sie findet statt für genügend energiereiche Strahlung mit Wellenlängen $\lambda \leq 2424$ Å. Die Dissoziation des Ozons ist möglich für $\lambda \leq 11500$ Å. Es reichen hier größere Wellenlängen aus, da das O_3-Molekül sehr instabil ist. Einzige Möglichkeit, Ozon zu bilden, ist der "Dreierstoß" (2.3). Der Stoßpartner M ist notwendig aus Gründen der Energie- und Impulserhaltung. Ferner wird die "Rekombination" von O_3 mit atomarem Sauerstoff berücksichtigt [(2.4)].

Die Reaktionen (2.1)...(2.4) führen auf folgendes System von gekoppelten Differentialgleichungen:

$$\frac{\partial [O]}{\partial t} = 2f_2 [O_2] + f_3 [O_3] - k_2 [O] \cdot [O_2] \cdot [M] \qquad (2.5)$$

$$\frac{\partial [O_3]}{\partial t} = k_2 [O] \cdot [O_2] \cdot [M] - f_3 [O_3] - k_3 [O] \cdot [O_3] \qquad (2.6)$$

Die eckigen Klammern bedeuten die Konzentration des betreffenden Gases in Molekülen/cm^3. Sie werden im folgenden weggelassen.

k_2, k_3 sind Reaktionskoeffizienten. Sie sind ein Maß für die Ergiebigkeit der Reaktion und müssen aus Labormessungen bekannt sein. Ihre Einheiten ergeben sich aus der betreffenden Reaktion oder den zugehörigen Differentialgleichungen und sind daher abhängig von der Art der Reaktion.

Die f-Werte sind die Dissoziationsraten, d.h. die pro Molekül und Sekunde absorbierten Lichtquanten (Photonen). Sie sind abhängig vom Absorptionskoeffizienten des betreffenden Absorbers und der Intensität

2.1

der einfallenden Strahlung. Damit werden sie eine Funktion der Höhe z (wegen der Absorption höher liegender Schichten) und der Tageszeit. f(z) wird berechnet gemäß (2.7) für die Höhe z:

$$f(z) = \int_\lambda \sigma(\lambda) \phi(z,\lambda)\, d\lambda , \tag{2.7}$$

wobei $\quad \phi(z,\lambda) = \phi_\infty(\lambda) \exp\left(-\frac{1}{\cos\zeta} \int_z^\infty \sum_i \sigma_i(\lambda) X_i\, dz\right)$

Dabei bedeuten:

$f(z)$ = Dissoziationsrate in der Höhe $z\ \left[\dfrac{\text{Photonen}}{\text{sec}}\right]$

$\sigma(\lambda)$ = Absorptionsquerschnitt des jeweiligen Absorbers $[\text{cm}^2]$

λ = Wellenlänge

$\phi(z,\lambda)$ = solarer Photonenfluß in der Höhe $z\ \left[\dfrac{\text{Photonen}}{\text{cm}^2\cdot\text{sec}\cdot\text{Å}}\right]$

$\phi_\infty(\lambda)$ = solarer Photonenfluß für $z \to \infty$

ζ = Zenitdistanz der Sonne

X_i = Konzentration eines beliebigen Absorbers

Gleichung (2.7) gilt sinngemäß für die Dissoziationsraten f_2, f_3, $f_{H_2O_2}$, f_{NO_2}. Der Absorptionsquerschnitt $\sigma(\lambda)$ hängt mit dem Absorptionskoeffizienten $\alpha(\lambda)$ zusammen über die Beziehung (2.8)

$$\sigma(\lambda)\cdot N_A = \alpha(\lambda), \tag{2.8}$$

wobei $N_A = 2,69 \times 10^{19}$ Moleküle/cm^3 die Avogadrozahl bedeutet.

Nach der Chapman-Theorie gelten für die Stratosphäre folgende Vereinfachungen:

$$\frac{\partial O}{\partial t} = \emptyset \tag{2.9}$$

$$O_2 \cdot M \cdot \frac{k_2}{k_3} \gg O_3 . \tag{2.10}$$

Zur Unterscheidung vom atomaren Sauerstoff wird für "Null" das Symbol $\emptyset$ verwendet.

Damit ergibt sich unter Verwendung von (2.5) und (2.6) die Grundgleichung (2.11), welche die zeitlichen photochemisch bedingten Änderungen des Ozons beschreibt:

$$\left.\frac{\partial O_3}{\partial t}\right|_{ph} = - A \cdot O_3^2 + C . \tag{2.11}$$

Der Index "ph" bezieht sich auf "photochemisch"; A und C bedeuten:

$$A = \frac{2 f_3}{O_2 \cdot M \cdot k_2/k_3}$$

$$C = 2 f_2 \cdot O_2 . \tag{2.12}$$

Die Annahme (2.9) bedeutet, es herrscht ständig photochemisches Gleichgewicht für den atomaren Sauerstoff. Diese Voraussetzung ist für die Stratosphäre sehr gut erfüllt [HESSTVEDT 1968].

Der photochemische Gleichgewichtswert für Ozon (O_{3E}) ergibt sich aus (2.11), indem $\left.\frac{\partial O_3}{\partial t}\right|_{ph} = \emptyset$ gesetzt wird. Man erhält:

$$O_{3E} = \sqrt{\frac{C}{A}} \ . \qquad (2.13)$$

Gleichung (2.13) wird später die Anfangsverteilung liefern, Gleichung (2.11) die zeitlichen O_3-Änderungen.

Das Reaktions-Schema, bestehend aus den Reaktionen (2.1) ... (2.4) wird häufig als "Chapman-Schema" bezeichnet.

2.2 "Feuchte" Theorie

Noch vor 10 Jahren glaubte man, die Photochemie der Stratosphäre mit den klassischen Reaktionen (2.1) ... (2.4) hinreichend genau beschreiben zu können. In den letzten Jahren ist jedoch von mehreren Autoren erwogen worden, daß möglicherweise zusätzliche Reaktionen mit sogenannten "feuchten" Komponenten und angeregten O-Atomen eine Verbesserung der klassischen Chapman-Theorie erbringen könnten.

Der Einfluß "feuchter" Komponenten auf die Photochemie ist in der Literatur von RONEY [1965], HESSTVEDT [1965], HUNT [1966a], HUNT [1966b], HESSTVEDT [1968], CRUTZEN [1971] diskutiert worden.

Unter "feuchten" Komponenten werden dabei die für die Stratosphäre nachgewiesenen OH- und HO_2-Radikale sowie das hypothetische H_2O_2 zusammengefaßt. OH und HO_2 sind Zersetzungsprodukte des Wasserdampfes, welcher ebenfalls in "feuchten" Theorien berücksichtigt wird. Eine Dissoziation des Wasserdampfes, welche zur Bildung von HO_2- und OH-Radikalen führen kann, findet erst in großen Höhen (Mesosphäre) statt, wo ausreichend Sonnenenergie zur Verfügung steht.

HUNT [1966b] diskutiert vor allem den Einfluß angeregter O-Atome ($O(^1D)$), die bei der Dissoziation des Sauerstoffs für Wellenlängen $\lambda \leq 1750$ Å entstehen können. Das gleiche gilt für die O_3-Zersetzung für Wellenlängen $\lambda \leq 3100$ Å.

An sich nehmen HUNTs Arbeiten [1966 a-b] eine Zwischenstellung zwischen "klassischer Theorie" und "feuchter Theorie" ein. Da aber auch Reaktionen zwischen $O(^1D)$ und H_2O bestehen, soll hier nur zwischen zwei Theorien unterschieden werden.

HESSTVEDTs Theorie [1968] zählt zu denjenigen, welche das umfangreichste Reaktionsschema berücksichtigen. Das vollständige Schema, welches von ihm angegeben wird, umfaßt 36 Reaktionen, von denen nach mehreren Vereinfachungen letzten Endes 19 Verwendung finden.

In Abb. 1 sind die Reaktionen der Hesstvedt-Theorie, vermehrt um 3 Stickoxidreaktionen, zusammengestellt.

Die drei ersten Reaktionen sind reine "Sauerstoff"-Reaktionen und bis auf die dritte schon Bestandteil des Chapman-Schemas (angedeutet durch (x)). Einziger Unterschied ist, daß hier zwischen O-Atomen im Grundzustand ($O(^3P)$) und angeregtem Zustand ($O(^1D)$) unterschieden wird.

Die folgenden Reaktionen beschreiben Umsetzungen zwischen den feuchten Komponenten.

Es folgen zwei Stickoxidreaktionen. Sie sind kein Bestandteil der Hesstvedt-Theorie, im Hinblick auf spätere Erweiterungen dieser Theorie aber in der Zusammenstellung schon mit aufgeführt.

Auch die anschließenden optischen Reaktionen enthalten neben den Chapman-Reaktionen (x) die Dissoziation von NO_2, welche nicht zum Hesstvedt-Schema zählt. Neu gegenüber der Chapman-Theorie ist, wie bereits angedeutet, das Auftreten angeregter $O(^1D)$-Atome, die bei der Dissoziation von O_2 und O_3 entstehen. Für die Dissoziationsraten gilt:

$$f_2 = f_{2a} + f_{2b}, \quad f_3 = f_{3a} + f_{3b}.$$

Die Dissoziation von H_2O_2 kann wegen der Entstehung von OH-Radikalen direkt in die "feuchten" Reaktionen eingreifen.

Für die Komponenten $O(^1D)$, $O(^3P)$, H und OH wird photochemisches Gleichgewicht angenommen. Tabelle 2.1 gibt Auskunft über die Einstellzeiten dieser Bestandteile für verschiedene Höhen [HESSTVEDT 1968].

PHOTOCHEMISCHE REAKTIONEN

(x)	$O(^3P) + O_2 + M$	$\longrightarrow O_3 + M$	k_2
(x)	$O(^3P) + O_3$	$\longrightarrow 2 O_2$	k_3
	$O(^1D) + M$	$\longrightarrow O(^3P) + M$	k_{20}
	$OH + O(^3P)$	$\longrightarrow H + O_2$	k_6
	$HO_2 + O(^3P)$	$\longrightarrow OH + O_2$	k_7
	$OH + HO_2$	$\longrightarrow H_2O + O_2$	k_{10}
	$O(^3P) + H_2O_2$	$\longrightarrow OH + HO_2$	k_{12}
	$HO_2 + HO_2$	$\longrightarrow H_2O_2 + O_2$	k_{13}
	$OH + H_2O_2$	$\longrightarrow H_2O + HO_2$	k_{14}
	$OH + OH$	$\longrightarrow H_2O + O(^3P)$	k_{15}
	$O(^1D) + H_2O$	$\longrightarrow 2 OH$	k_{17}
	$HO_2 + O_3$	$\longrightarrow OH + 2 O_2$	k_{23}
	$OH + O_3$	$\longrightarrow HO_2 + O_2$	k_{24}
	$NO + O_3$	$\longrightarrow NO_2 + O_2$	k_{N1}
	$NO_2 + O(^3P)$	$\longrightarrow NO + O_2$	k_{N2}
(x)	$O_2 + h\nu$	$\longrightarrow O(^3P) + O(^3P)$	f_{2a}
	$O_2 + h\nu$	$\longrightarrow O(^3P) + O(^1D)$	f_{2b}
(x)	$O_3 + h\nu$	$\longrightarrow O(^3P) + O_2$	f_{3a}
	$O_3 + h\nu$	$\longrightarrow O(^1D) + O_2$	f_{3b}
	$H_2O_2 + h\nu$	$\longrightarrow 2 OH$	$f_{H_2O_2}$
	$NO_2 + h\nu$	$\longrightarrow NO + O(^3P)$	f_{NO_2}

(x) sog. "klassische" Theorie (Chapman 1930)

Abb. 1: Photochemische Reaktionen der Hesstvedt-Theorie, ergänzt um drei Stickoxidreaktionen. Die rechte Spalte enthält die Reaktionskoeffizienten sowie die Reaktionsraten.

Tabelle 2.1

Einstellzeiten für verschiedene Höhen

(3.0(-7) bedeutet: 3.0×10^{-7} sec Einstellzeit)

	40	35	30	25	20	15 km
$O(^1D)$	3.0(-7)	1.5(-7)	6.9(-8)	3.1(-8)	1.3(-8)	5.6(-9)
$O(^3P)$	1.3	2.9(-1)	5.8(-2)	1.1(-2)	1.7(-3)	2.9(-4)
H	7.8(-3)	1.9(-3)	4.3(-4)	9.1(-5)	1.6(-5)	2.9(-6)
OH	3.2	1.3	6.4(-1)	5.5(-1)	1.0	1.3(1)

Es ist ersichtlich, daß die Annahme des photochemischen Gleichgewichts für diese 4 Komponenten sicher keine sehr einschränkende Voraussetzung ist.

HESSTVEDT - PHOTOCHEMIE

TAG

$$O(^1D) = \frac{f_{3b} \cdot O_3}{k_{20} \cdot M}$$

$$O(^3P) = \frac{f_{3a} \cdot O_3}{k_2 \cdot M \cdot O_2}$$

$$OH = \frac{k_7 O(^3P) + k_{23} O_3}{k_6 O(^3P) + k_{24} O_3} \cdot HO_2$$

$$\frac{\partial HO_2}{\partial t} = -2(k_{10} + k_{13}) \cdot HO_2^2 + 2[(f_{H_2O_2} + k_{12} O(^3P)) \cdot H_2O_2 + k_{17} \cdot O(^1D) \cdot H_2O]$$

$$l = OH/HO_2$$

$$\frac{\partial H_2O_2}{\partial t} = -(f_{H_2O_2} + k_{12} O(^3P) + k_{14} \cdot OH) \cdot H_2O_2 + k_{13} \cdot HO_2^2$$

$$\frac{\partial O_3}{\partial t} = -A \cdot O_3^2 - B \cdot HO_2 \cdot O_3 + C$$

$$A = \frac{2 k_3 \cdot f_3}{k_2 \cdot M \cdot O_2}$$

$$B = 2(k_{23} + \frac{k_7 \cdot f_3}{k_2 \cdot M \cdot O_2})$$

$$C = 2 f_2 \cdot O_2$$

NACHT

$$O(^1D)_n = 0$$

$$O(^3P)_n = \frac{k_{15} OH_n^2}{k_2 \cdot M \cdot O_2}$$

$$OH_n = \frac{k_{23}}{k_{24}} \cdot HO_{2n}$$

$$\frac{\partial HO_{2n}}{\partial t} = -2(k_{10} \frac{k_{23}}{k_{24}} + k_{13}) \cdot HO_{2n}^2$$

$$\frac{\partial H_2O_{2n}}{\partial t} = -(k_{12} O(^3P)_n + k_{14} OH_n) \cdot H_2O_{2n} + k_{13} HO_{2n}^2$$

$$\frac{\partial O_{3n}}{\partial t} = -2 k_{23} HO_{2n} \cdot O_{3n}$$

Abb. 2 : Gleichungen der Hesstvedt-Theorie nach Tag- und Nachtwerten getrennt

Mit diesen Annahmen ergeben sich bei Vernachlässigung kleiner Terme die in Abb. 2 wiedergegebenen Hesstvedt-Gleichungen. Es ist eine Eigenart der Hesstvedtschen Theorie, daß Tag- und Nachtwerte getrennt ermittelt werden. Die Nachtwerte gehen prinzipiell aus den Tageswerten durch Nullsetzen der Dissoziationsraten hervor. Im Einzelfalle läßt sich dies jedoch anhand der Gleichungen nur am $O(^1D)$, für $\frac{\partial O_3}{\partial t}$ und $\frac{\partial H_2O_2}{\partial t}$ verifizieren. Daß es für die anderen Komponenten nicht mehr gilt, liegt an den jeweils zur Vereinfachung angestellten Vernachlässigungen kleiner Terme gegen größere.

Nach der Hesstvedtschen Theorie erhält man also für die Ozonvariationen:

$$\left.\frac{\partial O_3}{\partial t}\right|_{ph} = -A \cdot O_3^2 - B \cdot HO_2 \cdot O_3 + C \qquad \text{Tag} \qquad (2.14)$$

$$\left.\frac{\partial O_{3n}}{\partial t}\right|_{ph} = -2 k_{23} \cdot HO_{2n} \cdot O_{3n} \qquad \text{Nacht} \qquad (2.15)$$

Der Index "n" bedeutet "Nacht".

Formal ist damit die Chapman-Gleichung (2.11) erweitert um den Zerstörungsterm $-B \cdot HO_2 \cdot O_3$, wobei

$$B = 2 (k_{23} + \frac{k_3 \cdot f_3}{k_2 \cdot O_2 \cdot M})$$

zu setzen ist. Die Abkürzungen A und C sind dieselben wie im Falle der Chapman-Theorie.

2.3   - 12 -

2.3 Stickoxide und Hesstvedt-Theorie

Der Einfluß von Stickoxidreaktionen auf die Photochemie der Stratosphäre ist in den letzten Jahren mehrfach mit zum Teil widersprüchlichen Ergebnissen in Rechenmodellen studiert worden [CARTER 1970, CRUTZEN 1971, JOHNSTON 1971] . Besondere Aktualität erlangte dieses Thema in Amerika bei der Diskussion der Super-Sonic-Transport (SST)-Projekte der USA und der UdSSR sowie des britisch-französischen Gemeinschafts-Projekts der "Concorde".

Die Überschallflugzeuge erzeugen in ihren Triebwerken gegenüber herkömmlichen Düsenantrieben wegen der höheren Verbrennungstemperaturen ungleich höhere Stickoxidkonzentrationen. Bei der vorgesehenen Reiseflughöhe von 18 - 22 km ist im Falle einer künstlichen Erhöhung der Stickoxidkonzentration durch SST-Verkehr ein teilweiser Abbau der UV-absorbierenden Ozonschicht zu befürchten. Als unmittelbare Folge davon wäre mit einem Eindringen der harten UV-Strahlung ($\lambda < 3000$ Å) in tiefere Atmosphärenschichten zu rechnen. Darüberhinaus dürfte ein künstlicher Eingriff in den Ozonkreislauf aber auch unübersehbare Folgen für den Strahlungshaushalt der Atmosphäre heraufbeschwören.

Um den NO_x-Einfluß - unter NO_x sollen hier die Stickoxide NO und NO_2 zusammengefaßt werden - zu untersuchen, müssen zunächst folgende Zusatzreaktionen in Erwägung gezogen werden [NICOLET 1965, JOHNSTON 1971] :

$$NO_2 + O(^3P) \rightarrow NO + O_2 \qquad k_{N2} \qquad (2.16)$$

$$NO + O_3 \rightarrow NO_2 + O_2 \qquad k_{N1} \qquad (2.17)$$

$$NO_2 + h\nu \rightarrow NO + O(^3P) \qquad f_{NO_2}, \; \lambda < 3975 \text{ Å} \qquad (2.18)$$

$$NO + O(^3P) + M \rightarrow NO_2 + M \qquad k_{N4} \qquad (2.19)$$

$$NO + O(^3P) \rightarrow NO_2 + h\nu \qquad k_{N5}, \; \lambda > 3975 \text{ Å} \qquad (2.20)$$

$$NO + NO + O_2 \rightarrow NO_2 + NO_2 \qquad k_{N3} \qquad (2.21)$$

Eine Abschätzung der Reaktionsraten mit Hilfe von Reaktionskoeffizienten nach SCHIFF [1969] , HALL und BLACET [1952] , BAULCH, DRYSDALE und HORNE [1970] , FONTIJN et al. [1964] zeigt, daß für die Stratosphäre in Verbindung mit der Hesstvedt-Theorie die Reaktionen (2.19)...(2.21) in erster Näherung vernachlässigbar sind.

Die Reaktionen (2.16)... (2.18) stellen einen einfachen sogenannten katalytischen NO_x-Zyklus dar, d.h. es wird O_3 zerstört (über Reaktion (2.17)), ohne daß NO_x insgesamt verändert wird, wie man leicht verifiziert:

$$\frac{\partial NO_2}{\partial t} = - k_{N2} \cdot NO_2 \cdot O(^3P) + k_{N1} \cdot NO \cdot O_3 - f_{NO_2} \cdot NO_2 \qquad (2.22)$$

$$\frac{\partial NO}{\partial t} = k_{N2} \cdot NO_2 \cdot O(^3P) - k_{N1} \cdot NO \cdot O_3 + f_{NO_2} \cdot NO_2 \qquad (2.23)$$

Nach NICOLET [1965] ist tagsüber $\frac{\partial NO_2}{\partial t} \approx \emptyset$ wegen seiner geringen stratosphärischen Einstellzeit von $\tau \leq 200$ sec. Damit gilt näherungsweise nach (2.22) und (2.23):

$$\frac{NO}{NO_2} = \frac{k_{N2} \cdot O(^3P) + f_{NO_2}}{k_{N1} \cdot O_3}, \qquad (2.24)$$

$$NO + NO_2 = NO_x = \text{const.} \qquad (2.25)$$

Bei vorgegebenen Anfangswerten für NO_2 und NO lassen sich damit die Stickoxide berechnen gemäß:

$$NO_2 = NO_x \frac{k_{N1} \cdot O_3}{k_{N2} \cdot O(^3P) + f_{NO_2} + k_{N1} \cdot O_3} \qquad (2.26)$$

<u>Tag</u>

$$NO = NO_x - NO_2 \qquad (2.27)$$

(2.26) und (2.27) gelten für den Tagfall. Nachts wird NO schnell abgebaut. Reaktion (2.18) ist dann ungültig ($f_{NO_2} = \emptyset$).

Daher gilt nachts näherungsweise:

$$NO_2 \approx NO_x \qquad (2.28)$$

<u>Nacht</u>

$$NO \approx \emptyset \qquad (2.29)$$

Die Kopplung der NO_x-Zusatzreaktionen an das Hesstvedt-Schema geschieht ausschließlich über $O(^3P)$ und O_3, da NO_x nur katalytisch wirkt. Es gilt:

$$O(^3P) = \frac{f_{3a} \cdot O_3 + f_{NO_2} \cdot NO_2}{k_2 \cdot O_2 \cdot M + k_{N2} \cdot NO_2} \qquad \underline{\text{Tag}} \qquad (2.30)$$

$$O(^3P)_n = \frac{k_{15} \cdot (OH)_n^2}{k_2 \cdot O_2 \cdot M + k_{N2} \cdot NO_2} \qquad \underline{\text{Nacht}} \qquad (2.31)$$

$$\frac{\partial O_3}{\partial t} = \left.\frac{\partial O_3}{\partial t}\right|_{\text{Hesstv.}} - k_{N1} \cdot NO \cdot O_3. \qquad \underline{\text{Tag}} \qquad (2.32)$$

$\left.\frac{\partial O_3}{\partial t}\right|_{\text{Hesstv.}}$ bedeutet dabei die photochemische Änderung gemäß (2.14). Für den Nachtfall gilt (2.15) unverändert, wegen $NO \approx \emptyset$. Man erhält also in jedem Falle eine zusätzliche (katalytisch bewirkte) Ozonzerstörung.

3. Stratosphärische Transporte

Als zweites Glied des Ozonkreislaufs sollen die Transporteffekte behandelt werden. Sie lassen sich aufteilen in Advektion und Großturbulenz einerseits sowie einen Austausch Stratosphäre - Troposphäre andererseits.

3.1 Advektion und Turbulenz

Änderungen des Ozongehaltes an einem Punkt der Stratosphäre durch Advektion und Turbulenz können in folgender Weise theoretisch erfaßt werden:

Schreibt man die Ozonkonzentration O_3 in der Form

$$O_3 = M \cdot X , \qquad (3.1)$$

wobei X das Mischungsverhältnis Ozon/Luft in den Einheiten [O_3 - Moleküle/Luftmoleküle] bedeutet, so gilt nach der Kontinuitätsgleichung:

$$\left.\frac{\partial (MX)}{\partial t}\right|_{a,t} = -\nabla \cdot (M X \mathbb{v}) . \qquad (3.2)$$

Der Index a, t weist hin auf "Advektion und Turbulenz". $\mathbb{v}$ bedeutet zunächst den dreidimensionalen Geschwindigkeitsvektor mit den Komponenten $\mathbb{v} = \{u, v, w\}$ in Ost-, Nord- und Vertikalrichtung. $\mathbb{v}$ und X lassen sich in der Form

$$\mathbb{v} = \bar{\mathbb{v}} + \mathbb{v}' , \qquad (3.3)$$

$$X = \bar{X} + X' \qquad (3.4)$$

schreiben, wobei der Querstrich eine zeitliche Mittelung etwa über einen Zeitraum vergleichbar mit der Länge einer Jahreszeit bedeutet. Abweichungen vom Mittelwert sind durch einen Strich (') markiert. Aus (3.2) folgt unter Verwendung von (3.3) und (3.4):

$$\left.\frac{\partial (MX)}{\partial t}\right|_{a,t} = -\nabla \cdot (M \bar{X} \bar{\mathbb{v}}) - \nabla \cdot (M \bar{X} \mathbb{v}') - \nabla \cdot (M X' \bar{\mathbb{v}})$$

$$- \nabla \cdot (M X' \mathbb{v}') . \qquad (3.5)$$

Zeitliche Mittelung von (3.5) unter Verwendung der Beziehung $M = \bar{M}$ ergibt:

$$\left[M \frac{\partial \bar{X}}{\partial t} + \bar{X} \frac{\partial M}{\partial t}\right]_{a,t} = -M \bar{\mathbb{v}} \cdot \nabla \bar{X} - \bar{X} \bar{\mathbb{v}} \cdot \nabla M - M \bar{X} \nabla \cdot \bar{\mathbb{v}} - \nabla \cdot (M \overline{X' \mathbb{v}'}) \qquad (3.6)$$

Nach Berücksichtigung der Kontinuitätsgleichung für M (3.7)

$$\frac{1}{M} \frac{dM}{dt} = - \nabla \cdot \bar{\mathbb{v}} \qquad (3.7)$$

erhält man

$$\left.\frac{\partial \bar{X}}{\partial t}\right|_{a,t} = -\bar{\mathbb{v}} \cdot \nabla \bar{X} - \frac{1}{M} \nabla \cdot (M \overline{X' \mathbb{v}'}) . \qquad (3.8)$$

Der Übergang zur Komponentenschreibweise liefert:

$$\left.\frac{\partial \overline{X}}{\partial t}\right|_{a,t} = -(\overline{u}\frac{\partial \overline{X}}{\partial x} + \overline{v}\frac{\partial \overline{X}}{\partial y} + \overline{w}\frac{\partial \overline{X}}{\partial z}) - \frac{1}{M}(\frac{\partial}{\partial x} M \overline{X'u'} + \frac{\partial}{\partial y} M \overline{X'v'} + \frac{\partial}{\partial z} M \overline{X'w'}). \quad (3.9)$$

Die Annahme von zonaler Symmetrie für $\overline{X}$ und konstantem Wind $\overline{u}$ führt zu

$$\left.\frac{\partial \overline{X}}{\partial t}\right|_{a,t} = -(\overline{v}\frac{\partial \overline{X}}{\partial y} + \overline{w}\frac{\partial \overline{X}}{\partial z}) - \frac{1}{M}(\frac{\partial}{\partial y} M \overline{X'v'} + \frac{\partial}{\partial z} M \overline{X'w'}) \quad (3.10)$$

Nach (3.10) setzt sich die Änderung des Mischungsverhältnisses $\overline{X}$ also zusammen aus einem advektiven und einem turbulenten Term.

Wendet man auf (3.10) in üblicher Weise das Austauschkonzept (3.11), (3.12) an,

$$-\frac{\partial}{\partial y}(M \overline{X'v'}) = \frac{\partial}{\partial y}(M K_y \frac{\partial \overline{X}}{\partial y}), \quad (3.11)$$

$$-\frac{\partial}{\partial z}(M \overline{X'w'}) = \frac{\partial}{\partial z}(M K_z \frac{\partial \overline{X}}{\partial z}), \quad (3.12)$$

so erhält man aus (3.10):

$$M \left.\frac{\partial \overline{X}}{\partial t}\right|_{a,t} = -M(\overline{v}\frac{\partial \overline{X}}{\partial y} + \overline{w}\frac{\partial \overline{X}}{\partial z}) + M(K_y \frac{\partial^2 \overline{X}}{\partial y^2} + \frac{\partial K_y}{\partial y} \cdot \frac{\partial \overline{X}}{\partial y}$$
$$+ K_z \frac{\partial^2 \overline{X}}{\partial z^2} + \frac{\partial K_z}{\partial z} \cdot \frac{\partial \overline{X}}{\partial z} + K_z \frac{1}{M} \frac{\partial M}{\partial z} \cdot \frac{\partial \overline{X}}{\partial z}). \quad (3.13)$$

Näherungsweise kann man setzen:

$$M \left.\frac{\partial \overline{X}}{\partial t}\right|_{a,t} = \left.\frac{\partial O_3}{\partial t}\right|_{a,t} \quad (3.14)$$

und erhält damit die Änderung des Ozons aufgrund Advektion und Turbulenz, sofern Diffusionskoeffizienten K_y und K_z und die Windkomponenten $\overline{v}$ und $\overline{w}$ als gegeben angenommen werden. Die Querstriche werden im folgenden der Einfachheit halber weggelassen.

3.2 Austausch Stratosphäre - Troposphäre

Zusätzlich zur Advektion ist der Austausch Stratosphäre - Troposphäre zu berücksichtigen. Aus dem stratosphärischen Ozonreservoir mit Mischungsverhältnissen zwischen 1 und 20 µg Ozon / g Luft geht ständig durch Austauschvorgänge Ozon an die Troposphäre verloren. Dort wird es durch Kontakt mit der Erdoberfläche oder Aerosolen zu Sauerstoff reduziert. Der Rücktransport Troposphäre - Stratosphäre ist für Ozon vernachlässigbar gering, so daß die Tropopause modellmäßig als "ozonabsorbierende Grenzfläche" aufgefaßt werden kann.

Besonderes Interesse erlangte der stratosphärisch-troposphärische Austausch nach den Kernwaffentests. Bei diesen Experimenten wurde z. T. radioaktives Spaltmaterial (Sr-90) bis in die Stratosphäre injiziert. Systematische Untersuchungen troposphärischer Luftproben ergaben das überraschende Ergebnis, daß die höchsten Fallout-Werte nicht in Breiten der Testzentren, sondern in mittleren Breiten um $40°N$ erreicht wurden [LOCKHART et al. 1960].

Dieses unerwartete Ergebnis kann als Wirkung stratosphärischer Transporteffekte gedeutet werden, zumal spätere Untersuchungen ausgeprägte Jahresgänge der Sr-90-Werte zeigten [FABIAN et al. 1968].

Zur quantitativen Beschreibung des stratosphärisch-troposphärischen Austausches lassen sich die radioaktiven Spaltprodukte jedoch nicht verwenden, da es an geeignetem Meßmaterial fehlt. Aus diesem Grunde bietet sich für derartige Untersuchungen Ozon besonders an, denn für den Höhenbereich von 10 - 20 km liegen zahlreiche Ozonsondenmessungen vor.

Eine Tropopausenfunktion $\beta(\varphi, t)$ ist von FABIAN et al. [1971] angegeben worden. Sie errechnet sich aus der Beziehung (3.15):

$$\frac{d\chi_T}{dt} = \beta(\varphi, t) \cdot \chi_S - \frac{\chi_T}{\tau_o}, \qquad (3.15)$$

wobei χ_T das Ozonmischungsverhältnis unterhalb der Tropopause, χ_S dasjenige oberhalb der Tropopause bedeutet. τ_o ist die troposphärische Aufenthaltszeit für Ozon, die mit 1 ... 2 Monaten angenommen wird. φ bedeutet die geographische Breite, t die Zeit.

Die zeitlichen Änderungen des troposphärischen Ozonmischungsverhältnisses werden danach einerseits zurückgeführt auf den durch den Faktor $\beta(\varphi, t)$ beschriebenen Austausch Stratosphäre - Troposphäre. $\beta(\varphi, t)$ ließe sich als ein Maß für die "Durchlässigkeit" der Tropopause bezeichnen, die sich in der Nähe der Tropopausenbrüche als maximal erweist. Der zweite Term beschreibt die chemische Ozonzerstörung innerhalb der Troposphäre, charakterisiert durch die Aufenthaltszeit τ_o. Für den Fall eines verschwindenden Austausches würde also das troposphärische Ozon innerhalb der Zeit $t = \tau_o$ auf den 1/e-ten Teil seines Anfangswertes abfallen.

Nach (3.15) läßt sich $\beta(\varphi, t)$ unter Zugrundelegung von beobachteten Werten für χ_T und χ_S und Annahmen über τ_o berechnen. Ist $\beta(\varphi, t)$ bekannt, so läßt es sich rückwirkend zur näherungsweisen Beschreibung der stratosphärischen Vorgänge in Tropopausennähe verwenden (vgl. Gl. (4.11)).

4. Rechenmodell

Der Ozongehalt an jedem Punkt der Stratosphäre wird bestimmt durch das Zusammenwirken von Photochemie, Advektion, Turbulenz und in Tropopausenhöhe durch Verlust an die Troposphäre. Sieht man zunächst von diesen Verlusten ab, so lassen sich die zeitlichen Variationen auf verhältnismäßig einfache Weise mathematisch beschreiben.

Im folgenden wird dazu ein Weg beschritten, wie er im wesentlichen auch von PRABHAKARA [1963] und später von GEBHART [1968] eingeschlagen wurde.

4.1 Differentialgleichung

Die zeitlichen Ozonvariationen $\frac{dO_3}{dt}$ werden in folgender Weise durch drei Terme beschrieben:

$$\frac{dO_3}{dt} = \left.\frac{\partial O_3}{\partial t}\right|_a + \left.\frac{\partial O_3}{\partial t}\right|_t + \left.\frac{\partial O_3}{\partial t}\right|_{ph} \tag{4.1}$$

Die Abschnitte 2.1, 2.2 und 2.3 liefern verschiedene photochemische Terme, je nach Art der verwendeten Photochemie. Der Abschnitt 3.1 liefert den Advektions- und Turbulenzterm. Gleichung (4.1) wurde durch ein Differenzverfahren numerisch über einen Zeitraum von maximal t = 540 Tagen integriert.

4.2 Gitternetz

Für das Modell wurde ein kartesisches Koordinatensystem benutzt (Abb. 3). Ein kartesisches Koordinatensystem schien zur Lösung des Problems angemessen, da es einerseits im Gegensatz zu krummlinigen Koordinaten eine besonders einfache Formulierung der Gleichungen gestattet, andererseits aber keine zu großen Fehler bei der Erfassung der Ozonbildung, -zerstörung und -transporte befürchten läßt. Da die photochemischen Vorgänge sich auch eindimensional (vertikal) behandeln ließen, ist die Frage nach einer Berücksichtigung der Erdkrümmung ohnehin nur für die Transportvorgänge von Bedeutung. Die aus einer Konvergenz der Meridiane resultierende Massenkonvergenz in höheren Breiten wird aber kompensiert durch die Verwendung geeigneter Windkomponenten [MURGATROYD und SINGLETON 1962], welche unter Berücksichtigung dieser Konvergenzen (in Kugel-Koordinaten) abgeleitet wurden.

Die Integration von Gl. (4.1) erfolgte in einem zweidimensionalen Gitternetz gemäß Abb. 4. Der obere Rand der so definierten Modellstratosphäre liegt bei 50 km, der Grenze der Mesosphäre; die horizontale Ausdehnung erstreckt sich vom Nordpol zum Südpol. Unterer Rand ist die "Modell-Tropopause", angedeutet durch eine mit der Breite variabel zwischen 10 - 18 km Höhe liegenden Grenzfläche. Der vertikale Gitterabstand beträgt Δz = 2 km, der horizontale $\Delta y = 10° \approx 1100$ km.

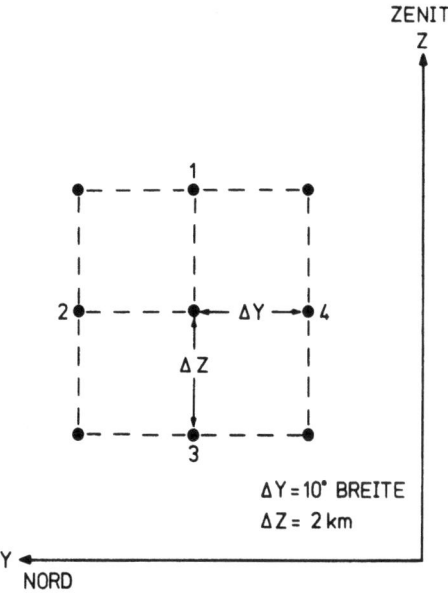

Abb. 3: Koordinatensystem und Schema der Gitterpunkteanordnung

4.3   - 18 -

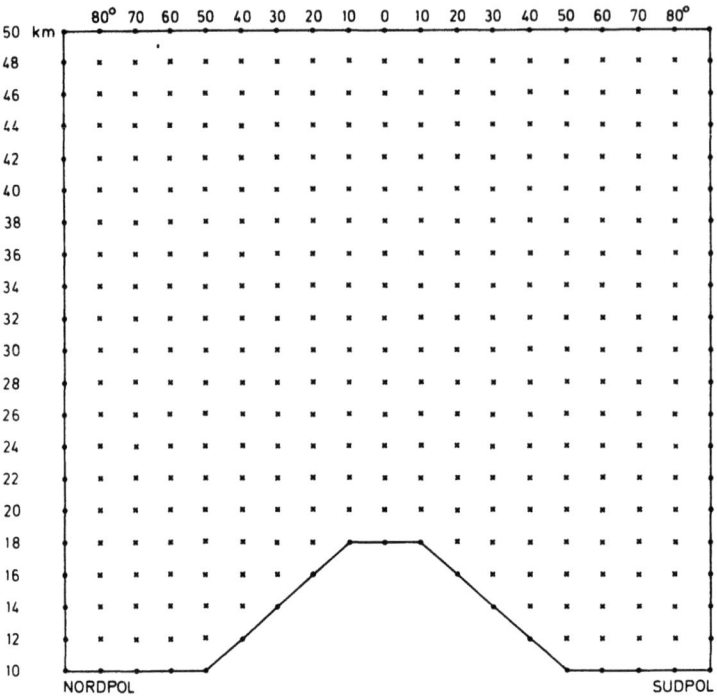

Abb. 4: Schematische Darstellung des Gitternetzes:
   • Randpunkte, x innere Punkte.
   Die Aussparung am unteren Rand symbolisiert
   die Tropopause.

Es handelt sich also um ein zweidimensionales Stratosphärenmodell, d.h. alle Variablen sind als Zonalmittelwerte aufzufassen. Eine Ausdehnung auf drei Dimensionen, die an sich wegen zu beobachtender Longitudinaleffekte im Ozon begrüßenswert wäre, ist wegen des nicht vertretbaren Rechenaufwandes auch mit den heutigen Großrechenanlagen undurchführbar.

4.3 Differenzengleichung

Die zwei ersten Terme der Gleichung (4.1) wurden in Differenzenform umgeschrieben, wobei für alle Ableitungen zentrierte Differenzen verwendet wurden. Entsprechend Gl. (3.13) gilt:

$$\frac{\partial O_3}{\partial t}\bigg|_a + \frac{\partial O_3}{\partial t}\bigg|_t = -M(v\frac{\partial X}{\partial y} + w\frac{\partial X}{\partial z}) + M(K_y\frac{\partial^2 X}{\partial y^2} + \frac{\partial K_y}{\partial y}\cdot\frac{\partial X}{\partial y} +$$

$$+ K_z\frac{\partial^2 X}{\partial z^2} + \frac{\partial K_z}{\partial z}\cdot\frac{\partial X}{\partial z} + K_z\cdot\frac{1}{M}\cdot\frac{\partial M}{\partial z}\cdot\frac{\partial X}{\partial z}) \quad (4.2)$$

Folgende Approximationen wurden benutzt:

$$-v\frac{\partial X}{\partial y} \approx -v\frac{X_2 - X_4}{2\Delta y} \quad (4.3)$$

$$-w\frac{\partial X}{\partial z} \approx -w\frac{M_3 + M_1}{M}\cdot\frac{X_1 - X_3}{2\Delta z} \quad (4.4)$$

$$K_y \frac{\partial^2 \chi}{\partial y^2} \approx K_y \frac{\chi_2 + \chi_4 - 2\chi}{(\Delta y)^2} \qquad (4.5)$$

$$\frac{\partial K_y}{\partial y} \cdot \frac{\partial \chi}{\partial y} \approx \frac{K_{y_2} - K_{y_4}}{2 \Delta y} \cdot \frac{\chi_2 - \chi_4}{2 \Delta y} \qquad (4.6)$$

$$K_z \frac{\partial^2 \chi}{\partial z^2} \approx K_z \frac{\chi_1 + \chi_3 - 2\chi}{(\Delta z)^2} \qquad (4.7)$$

$$\frac{\partial K_z}{\partial z} \cdot \frac{\partial \chi}{\partial z} \approx \frac{K_{z_1} - K_{z_3}}{2 \Delta z} \cdot \frac{\chi_1 - \chi_3}{2 \Delta z} \qquad (4.8)$$

$$K_z \cdot \frac{1}{M} \cdot \frac{\partial M}{\partial z} \cdot \frac{\partial \chi}{\partial z} \approx K_z \frac{M_1 - M_3}{2 M \Delta z} \cdot \frac{\chi_1 - \chi_3}{2 \Delta z} \qquad (4.9)$$

Die Indices beziehen sich auf die Koordinaten gemäß der Gitterpunkteanordnung in Abb. 3 . Ein Symbol ohne Index bedeutet den Zentralwert. Mit diesen Näherungen läßt sich bei gegebener Anfangsverteilung an jedem Gitterpunkt der Ozonwert zum Zeitpunkt $t + \Delta t$ aus dem Wert zur Zeit t berechnen nach Gleichung (4.10):

$$\begin{aligned}
O_3^{(t+\Delta t)} = O_3^{(t)} + \Delta t \Bigg[& \left.\frac{\partial O_3}{\partial t}\right|_{ph} - M\left(v \frac{\chi_2 - \chi_4}{2 \Delta y}\right) - \left(w \frac{(M_3 + M_1) \cdot (\chi_1 - \chi_3)}{2 \Delta z}\right) \\
& + M\left(K_y \frac{\chi_2 + \chi_4 - 2\chi}{(\Delta y)^2}\right) + M\left(\frac{K_{y_2} - K_{y_4}}{2 \Delta y} \cdot \frac{\chi_2 - \chi_4}{2 \Delta y}\right) \\
& + M\left(K_z \frac{\chi_1 + \chi_3 - 2\chi}{(\Delta z)^2}\right) + M\left(\frac{K_{z_1} - K_{z_3}}{2 \Delta z} \cdot \frac{\chi_1 - \chi_3}{2 \Delta z}\right) \\
& + \left(K_z \frac{M_1 - M_3}{2 \Delta z} \cdot \frac{\chi_1 - \chi_3}{2 \Delta z}\right) \Bigg]^{(t)} \qquad (4.10)
\end{aligned}$$

Δt bedeutet den Zeitschritt (siehe auch Abschnitt 4.6).

4.4 Randwerte

Am oberen Rand wird photochemisches Gleichgewicht vorgeschrieben $\left(\left.\frac{\partial O_3}{\partial t}\right|_{ph} = \emptyset\right)$. Diese Festsetzung ist physikalisch sinnvoll, da sich, was auch rein photochemische Testrechnungen zeigten, in der Höhe von 50 km auch bei beliebiger Anfangsverteilung schlagartig das photochemische Gleichgewicht einstellt.

Für die vertikalen Ränder am Nord- und Südpol wird gefordert:

1. $v = \emptyset$, 2. $\frac{\partial \chi}{\partial y} = \emptyset$.

Diese Festlegung gewährleistet, daß kein Ozonabfluß über die Ränder erfolgt. Da es sich um ein zweidimensionales Modell handelt, muß man für die Polgebiete diese Forderung aus Symmetriegründen stellen.

Einzige Ozonsenke im Modell ist der untere Rand ("Tropopause"). der Ozonverlust an die Troposphäre wurde simuliert durch Verwendung der Tropopausenfunktion $\beta(\varphi, t)$ [FABIAN et al. 1971] , und zwar in der Form

$$\chi_R = \chi_{R-1} [1 - \beta(\varphi, t) \cdot \Delta t] , \qquad (4.11)$$

wobei χ_R den Randwert des Mischungsverhältnisses Ozon/Luft, χ_{R-1} den Wert 2 km über Tropopausenhöhe bedeutet.

$\beta(\varphi, t)$ hat in mittleren Breiten zu allen Jahreszeiten ein Maximum (Tropopausenbrüche) und fällt pol- und äquatorwärts ab. Ein sekundäres Maximum deutet sich für hohe Breiten je nach Jahreszeit mehr oder weniger stark ausgeprägt an. Es wurden die Werte für τ_o = 1 Monat benutzt.

4.5 Anfangswerte

Die Anfangsverteilung ist prinzipiell beliebig. Um jedoch für die verschiedenen Theorien vergleichbare Ausgangsbedingungen zu schaffen und auch gleichzeitig Abweichungen von älteren "stationären" Modellen zu studieren, welche meist nur photochemische Gleichgewichtsverteilungen ermitteln, wurde in fast allen Experimenten eine photochemische Gleichgewichtsverteilung entsprechend der Chapman-Theorie verwendet (Abb. 5). Daneben wurde in einigen Fällen eine den Beobachtungen entsprechende Ozonanfangsverteilung gewählt.

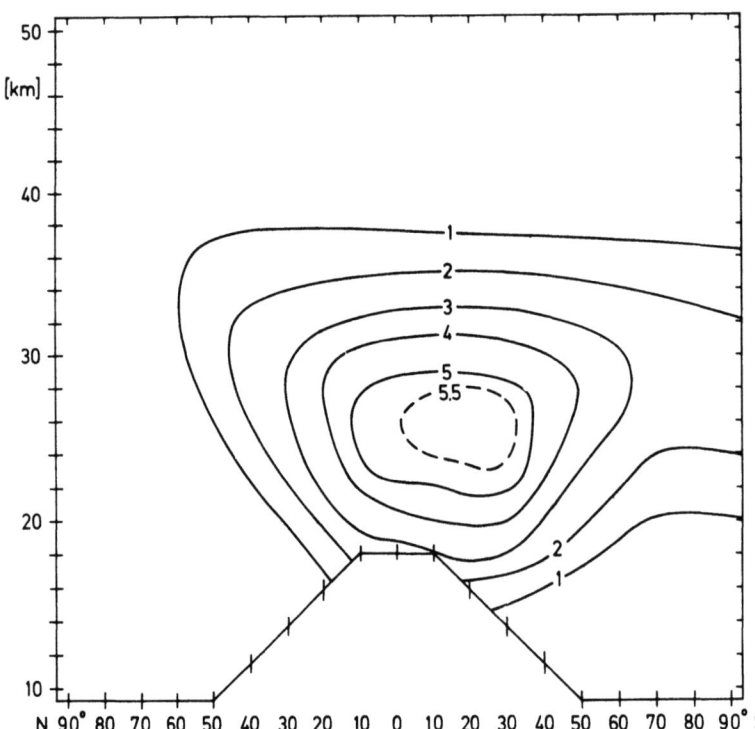

Abb. 5: Anfangsverteilung: Photochemische Gleichgewichtsverteilung nach der Chapman-Theorie für den 1. Januar $(t = \phi)$. Einheiten: 10^{12} Moleküle/cm^3.

4.6 Programmablauf

Für die Bestandteile $O(^3P)$, $O(^1D)$, OH, HO_2, H_2O_2 und O_3 wurden Anfangswerte vorgegeben [HESSTVEDT 1968]. Die Gesamtmolekülzahl M [Moleküle/cm^3] wurde aus dem Druck und der Temperatur, letztere als Funktion der Zeit vorgegeben, berechnet nach den Gasgesetzen:

$$M = N_A \cdot \frac{p}{p_o} \cdot \frac{T_o}{T} \ . \tag{4.12}$$

N_A = 2,69 x 10^{19} Moleküle/cm^3 Avogadro-Zahl

p_o = 1000 mb   Standarddruck

T_o = 273 K   Standardtemperatur

p_o wurde aus dem Druck in Tropopausenhöhe mit Hilfe der Temperatur für alle Höhen nach der barometrischen Höhenformel ermittelt. O_2 ergab sich aus M, indem für alle Höhen $O_2/M = 0,21$ gesetzt wurde (21 % Sauerstoffanteil).

Die Dissoziationsraten f_i wurden wie folgt angenähert:

$$f_i(z) = \sum_\lambda \sigma_i(\lambda) \cdot \phi(z, \lambda) \cdot \Delta\lambda \tag{4.13}$$

Es bedeuten dabei:

$\sigma_i(\lambda)$ = Absorptionsquerschnitt des i-ten Absorbers [cm^2]

$\phi(z, \lambda)$ = solarer Photonenfluß in der Höhe z $\left[\frac{\text{Photonen}}{\text{cm}^2 \cdot \text{sec} \cdot \text{Å}}\right]$,

wobei

$\phi(z, \lambda) = \phi(z+\Delta z, \lambda) \exp\left\{-\sec\zeta \sum_i \sigma_i(\lambda) \cdot X_i \cdot \Delta z\right\}$.

X_i bedeutet die Konzentration eines der vier Absorber O_2, O_3, H_2O_2, NO_2 in Molek./cm^3. Damit läßt sich jedes f_i für jeden Punkt aus dem jeweils darüberliegenden berechnen.

Oberhalb 50 km wurde nur Absorption durch O_2 und O_3 angenommen. Dabei nehmen im Modell beide Konzentrationen gemäß einem Exponentialgesetz ab. Für Ozon bedeutet dies die Annahme eines höhenkonstanten Mischungsverhältnisses, welches durch Raketenmessungen recht gut belegt ist [HILSENRATH 1971]. Im übrigen sind diese Annahmen nicht zu kritisch, da ohnehin oberhalb 50 km i.a. nur noch 1 % des Gesamtozons liegt.

Die Zenitdistanz ζ der Sonne wurde stundenweise nach der aus der Astronomie bekannten Formel (4.14) berechnet:

$$\cos\zeta = \sin\delta \cdot \sin\varphi + \cos\delta \cdot \cos\varphi \cdot \cos t . \tag{4.14}$$

δ = Deklination, φ = geographische Breite,   t = Stundenwinkel.

Ein über den Tag gemitteltes ζ wurde verwendet, um nach Gl. (4.13) die Dissoziationsraten zu bestimmen. Für den Fall, daß die Tageslänge $\leq$ 1 Stunde betrug (Polarnacht), wurden die "Nachtwerte" ermittelt.

4.6

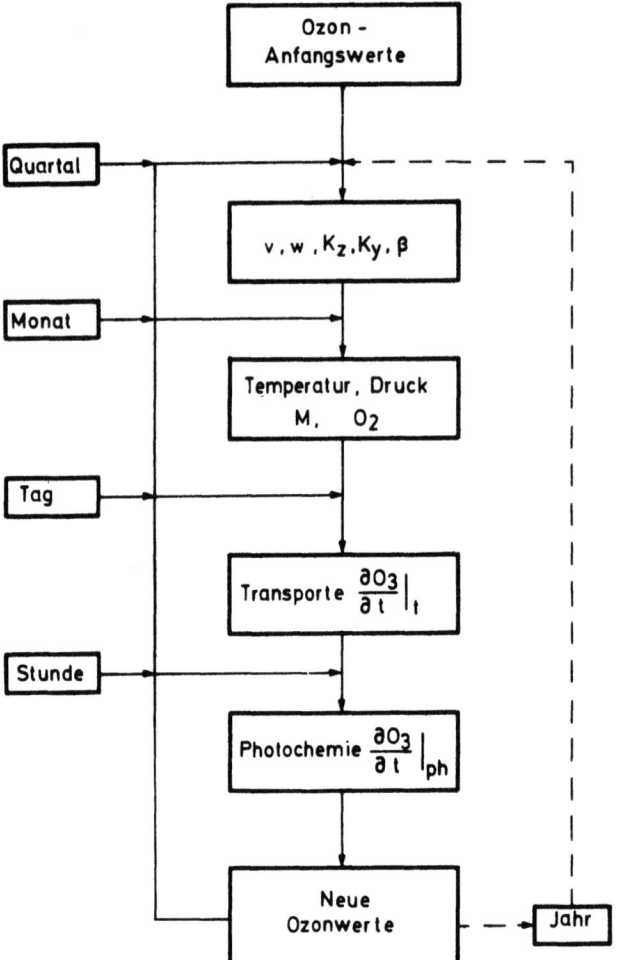

Abb. 6: Blockdiagramm des Programmablaufs

Für den photochemischen Programmteil war $\Delta t = 1$ Stunde zu wählen. Dieser kurze Zeitschritt ist notwendig, da die Reaktionen, besonders in der hohen Stratosphäre, sehr schnell ablaufen. Die Transporte dagegen erfordern nur einen Zeitschritt von $\Delta t = 1$ Tag. Die photochemischen Änderungen und die Transporteffekte wurden getrennt berechnet.

Die "Photochemie" ist ein eindimensionales Problem, d.h. die Änderungen können für jede Breite getrennt ermittelt werden, da die Dissoziationsraten in jeder Stratosphärenschicht ausschließlich von der in die betreffende Schicht einfallenden Energie abhängen.

Die Transporteffekte können dagegen nur zweidimensional ermittelt werden, da sie eine Funktion aller vier "Nachbarpunkte" sind. Das Programmschema ist in Abb. 6 dargestellt.

Windkomponenten v, w, Diffusionskoeffizienten K_y, K_z sowie die Tropopausenfunktion $\beta(\varphi, t)$ wurden quartalsweise variiert. Temperaturen, Druck in Tropopausenhöhe und daraus Gesamtmolekülzahl sowie Sauerstoffkonzentration wurden monatsweise neu vorgegeben. Daraus wurden Transporteffekte (täglich) und photochemische Änderungen (stündlich) ermittelt.

Dieses Programmschema erwies sich in allen Fällen trotz der sprunghaften Änderung einiger Parameter als geeignet, Jahresgänge in befriedigender Weise zu reproduzieren.

Der Einfachheit halber wurde das Jahr zu 360 Tagen mit zwölf Monaten zu je 30 Tagen angenommen. Tabellenwerte für die Deklination δ wurden in entsprechender Weise für das "360-Tage-Jahr" umgerechnet. Da die täglichen Ozonvariationen gering sind, dürfte diese Vereinfachung erlaubt sein.

5. Datenmaterial

Der folgende Abschnitt enthält eine Zusammenstellung der für die verschiedenen Rechenexperimente verwendeten Daten sowie einige Erläuterungen dazu.

5.1 Absorptionskoeffzienten

Zur Berechnung der Dissoziationsraten f_3, f_2, $f_{H_2O_2}$ und f_{NO_2} ist die Kenntnis der Absorptionskoeffizienten für denjenigen Wellenlängenbereich, in dem mit Photodissoziation zu rechnen ist, notwendig.

Für Ozon kommt der Bereich von 1500 - 3000 Å (Hartley-Bande), 3000 - 3500 Å (Huggins-Banden) und 4400 - 7600 Å (sichtbare Chappuis-Banden) in Frage. Die Hartley-Bande ist dabei in ihrer Intensität bei weitem dominierend gegenüber den Chappuis-Banden (Abb. 7).

Es fanden Daten von NY TSI-ZE und CHOONG SHIN-PIAW [1933], A. VASSY [1938] und TANAKA et al. [1953] Verwendung.

Die Sauerstoffabsorptionskoeffizienten sind wegen der extrem starken Wellenlängenabhängigkeit (Schumann-Runge-Banden) und der Abweichung vom Beerschen Gesetz im Bereich des Herzberg-Kontinuums zwischen 2000 und 2420 Å etwas kritischer. Diese Abweichungen vom Beerschen Gesetz (Druckabhängigkeit des Absorptionskoeffizienten) wurde in folgender Form berücksichtigt [DITCHBURN und YOUNG 1962]:

$$\sigma(p,\lambda) = \sigma_o(\lambda) + p \cdot \rho(\lambda) \qquad (5.1)$$

$\sigma(p,\lambda)$ = Absorptionsquerschnitt beim Druck p und der Wellenlänge λ

$\sigma_o(\lambda)$ = aus theoretischen Überlegungen gewonnener Absorptionsquerschnitt für $p = \phi$

p = Druck [mb]

$\rho(\lambda)$ = experimentell bestimmte Druckkorrektur $\left[\dfrac{cm^2}{mb}\right]$

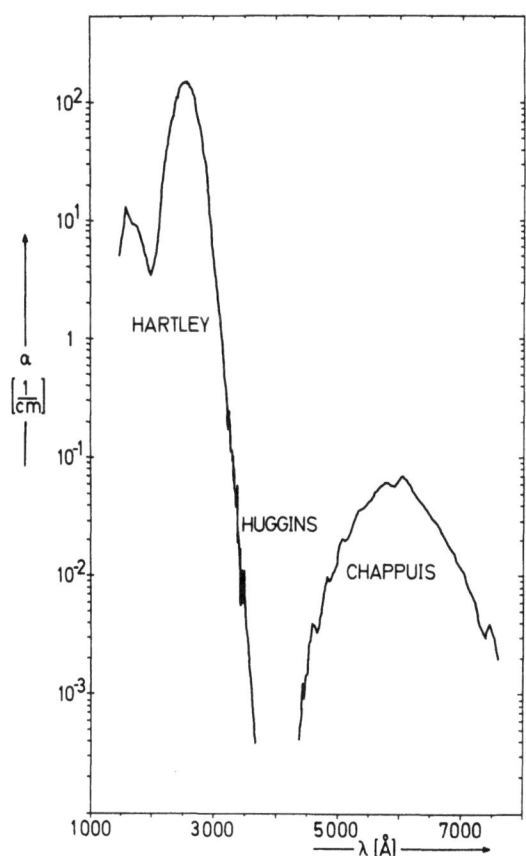

Abb. 7: Verwendete Ozon-Absorptionskoeffizienten nach TANAKA et al. [1953] (1500 - 2140 Å), NY und CHOONG [1933] (2140 - 3525 Å) und A. VASSY [1938] (4380 - 7585 Å). α[1/cm] ist bezogen auf die Basis 10.

Für die Sauerstoffabsorption wurden Daten von DITCHBURN und HEDDLE [1953], DITCHBURN und YOUNG [1962] und BREWER und WILSON [1965] berücksichtigt. Den Werten von DITCHBURN und YOUNG wurde der Vorzug gegeben, da die Arbeit dieser Autoren zugleich Aufschluß über die Druckabhängigkeit der Koeffizienten gibt (Abb. 8).

Im Bereich zwischen 1700 Å und 1850 Å wurden die Werte interpoliert; unterhalb 1800 Å sind sie ohnehin nicht allzu kritisch, da in diesem Spektralbereich die Sonnenenergie schon auf sehr geringe Intensität abgefallen ist.

Über die UV-Absorption von H_2O_2 ist recht wenig bekannt. Einzig zugängliche Quelle war eine Arbeit von VOLMAN [1963] (Abb. 9). Ebenfalls wenig bekannt ist über die Absorptionskoeffizienten von Stickstoffdioxid. Stickoxide treten häufig nur in Form von Gemischen von $(NO + NO_2)$ oder $(NO_2 + N_2O_4)$ auf. Eine Arbeit von HALL und BLACET [1952] liefert jedoch auch UV-Absorptionskoeffizienten für NO_2 allein (Abb. 10). Allerdings sind die dort enthaltenen Messungen bei $25°C$ angestellt worden. Eine Temperaturabhängigkeit der Absorption, zumindest für ein chemisches Gleichgewicht $2 NO_2 \rightleftharpoons N_2O_4$, wurde im Bereich 2400 - 2900 Å festgestellt. Die Frage nach einem generellen Temperatureffekt in der NO_2-Absorption konnte aber aus Mangel an Information nicht beantwortet werden; er blieb daher unberücksichtigt.

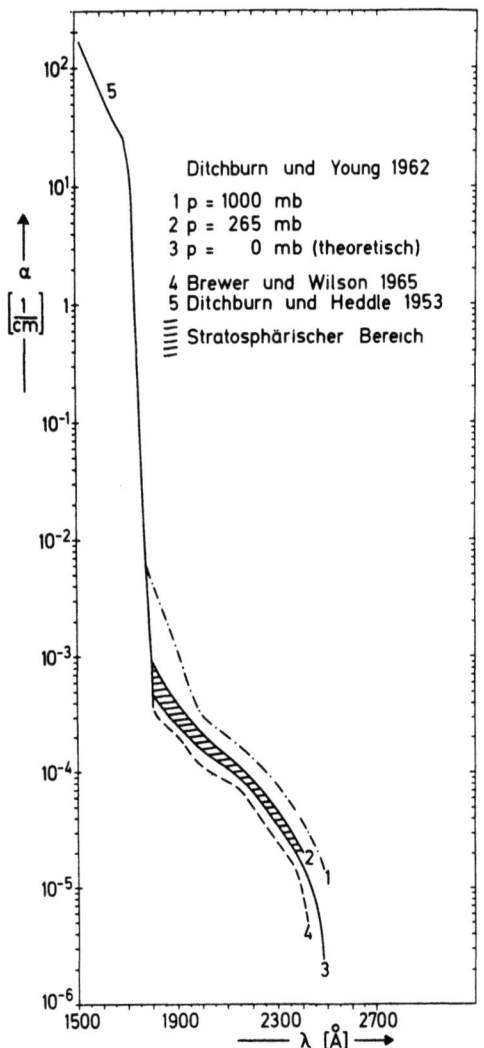

Abb. 8: Verwendete Sauerstoff-Absorptionskoeffizienten nach DITCHBURN und HEDDLE [1953] - 1500 - 1700 Å -, DITCHBURN und YOUNG [1962] - 1850 - 2425 Å - und BREWER und WILSON [1965] - 1850 - 2425 Å. Schraffiert ist der für stratosphärische Drucke in Betracht kommende Bereich. $\alpha [1/cm]$ ist bezogen auf die Basis 10.

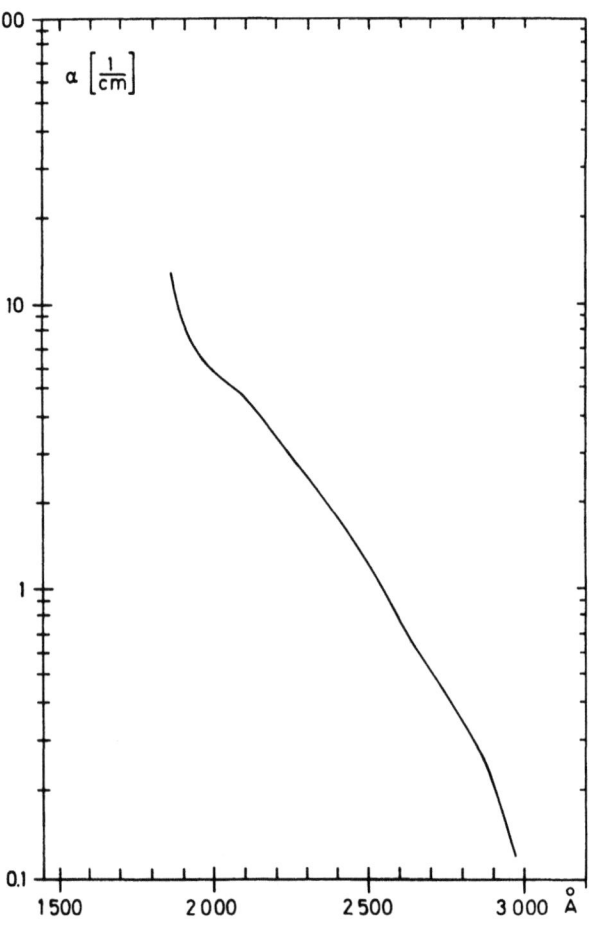

Abb. 9: H_2O_2-Absorptionskoeffizienten nach VOLMAN [1963], bezogen auf die Basis 10.

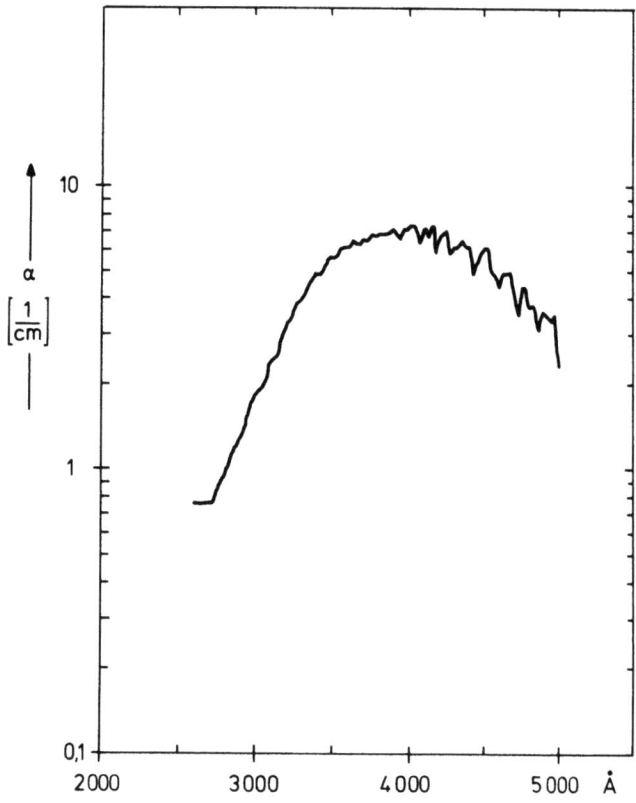

Abb. 10: NO_2-Absorptionskoeffizienten nach HALL und BLACET [1952], bezogen auf die Basis 10.

5.2 Solarspektrum

Die Quantenberechnung erfordert die Kenntnis des Solarspektrums im gesamten Intervall von 1500 - 7600 Å. Für den Bereich oberhalb ≈ 2400 Å liegen recht zuverlässige Messungen der extraterrestrischen spektralen Intensitäten vor [LABS und NECKEL 1968]. Unterhalb 2400 Å zeigt das Spektrum übereinstimmend nach allen Autoren einen rapiden Abfall zu kürzeren Wellenlängen [DETWILER 1961, BREWER und WILSON 1965]. Die Absolutwerte der spektralen Intensitäten variieren jedoch bis zu einem Faktor 2 - 3 (Abb. 11). Für die vorliegenden Rechnungen wurden die Daten von LABS und NECKEL sowie für den kurzwelligen Bereich die höheren Werte von DETWILER verwendet. Letztere stimmen mit neueren Raketenmessungen [BRINKMANN et al. 1966] besser überein als die Daten von BREWER und WILSON.

Die Wellenlängenintegrationen bzw. die approximativen Summationen (Gl. (4.13)) erforderten eine Spektralintervalleinteilung sowohl des Solarspektrums als auch der Absorptionsbanden von O_3, O_2, H_2O_2, NO_2. Im Bereich extrem starker Absorption zusammen mit starker Wellenlängenabhängigkeit, so wie sie für O_2 im Bereich um 1800 Å zu beobachten ist, war dabei die feinste Intervalleinteilung erforderlich. Im einzelnen wurde die in Tabelle 5.1 folgende Einteilung in 171 Intervalle vorgenommen.

5.2

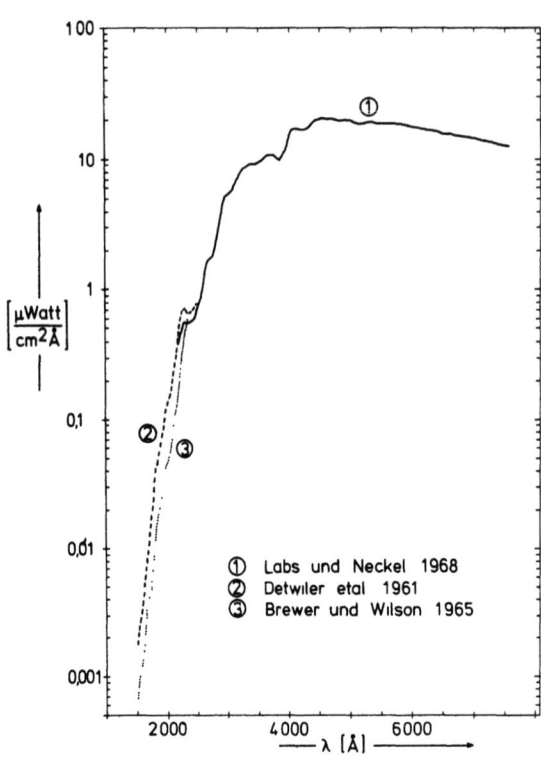

Abb. 11: Solarspektrum nach verschiedenen Autoren. Aufgetragen sind die spektralen Intensitäten gegen die Wellenlängen

Tabelle 5.1

Spektralintervall-Einteilung

λ [Å]	$\Delta\lambda$ [Å]	Zahl der Intervalle
1500 - 1750	25	10
1750 - 1900	10	15
1900 - 2400	20	25
2400 - 2700	25	12
2700 - 3050	50	7
3050 - 4000	25	38
4400 - 7600	50	64

5.3 Reaktionskoeffizienten

Tabelle 5.2 enthält die verwendeten Reaktionskoeffizienten. Sie sind angegeben im cm-sec-Molekül-System. Im einzelnen sind die Dimensionen abhängig von der Art der betreffenden Reaktion.

Tabelle 5.2

Zusammenstellung der Reaktionskoeffizienten

k_2	$8{,}2 \times 10^{-35} \exp(448/T)$	BENSON und AXWORTHY 1965
	$5{,}5 \times 10^{-34} \times (300/T)^{2,6}$	KAUFMAN 1967[+]
k_3	$8 \times 10^{-12} \exp(-1641/T)$	CAMPBELL und NUDELMAN 1960
	$1{,}86 \times 10^{-11} \exp(-2130/T)$	SCHIFF 1969
k_{20}	$2{,}2 \times 10^{-11}$	de MORE und RAPER 1964
k_6	5×10^{-11}	KAUFMAN 1964
k_7	10^{-11}	KAUFMAN 1964
k_{10}	10^{-11}	KAUFMAN 1964
k_{12}	10^{-15}	FONER und HUDSON 1962
k_{13}	3×10^{-12}	KAUFMAN 1964
k_{14}	4×10^{-13}	FONER und HUDSON 1962
k_{15}	$2{,}8 \times 10^{-12}$	KAUFMAN 1964
k_{17}	10^{-11}	HUNT 1966 a
k_{23}	10^{-14}	HUNT 1966 a
k_{24}	5×10^{-13}	KAUFMAN 1964
k_{N1}	$9{,}5 \times 10^{-13} \exp(-1240/T)$	SCHIFF 1969
k_{N2}	$3{,}2 \times 10^{-11} \exp(-300/T)$	SCHIFF 1969

[+] persönliche Mitteilung von R. CADLE, NCAR, Boulder/Colo., 1971

Die Koeffizienten k_2 und k_3 sind für die Photochemie des Ozons wegen des Dreierstoßes und der Rekombination von atomarem Sauerstoff mit Ozon von überragender Bedeutung. Daher wurde bei der Auswahl dieser Koeffizienten besondere Sorgfalt angewandt, indem einerseits die in der Literatur am häufigsten benutzten Werte von BENSON und AXWORTHY [1965] und die von CAMPBELL und NUDELMAN [1960] sowie andererseits neuere Werte von KAUFMAN [1967] und SCHIFF [1969], die als besonders zuverlässig gelten, benutzt wurden.

Aus Abb. 12 ist ersichtlich, daß die Angaben über k_2 und k_3 je nach Autor um den Faktor 5 - 6 voneinander abweichen können.

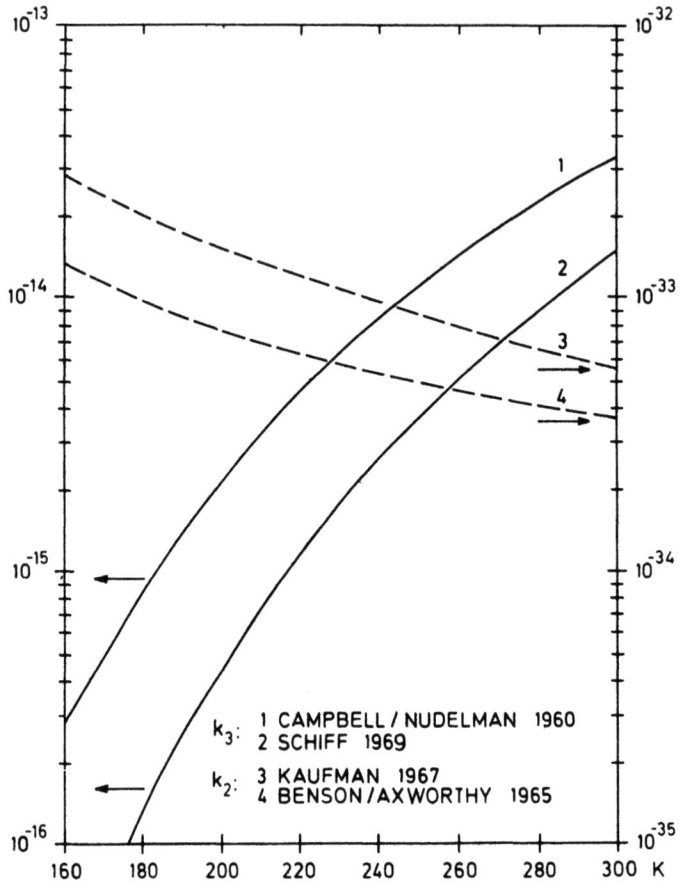

Abb. 12: Reaktionskoeffizienten k_2 und k_3 nach verschiedenen Autoren.
Einheiten: k_2 [cm^6/sec], k_3 [cm^3/sec].

Die Zusammenstellung in Tabelle 5.2 entspricht den von HESSTVEDT [1968] angegebenen und heute in der Literatur überwiegend benutzten Werten.

5.4 Stratosphärische Parameter

Oberhalb 30 km wurden monatsweise Temperaturen nach CIRA [Cospar International Reference Atmosphere 1965] benutzt. Diese Standardatmosphäre wird für Höhen zwischen 30 - 80 km mit einer vertikalen Auflösung von 5 km angegeben. Die Werte wurden linear auf 2 km Höhendifferenz interpoliert.

Eine Arbeit von DOPPLICK [1970] lieferte die Temperaturen zwischen 28 und 10 km Höhe. Die von beiden Autoren angegebenen Temperaturen schließen in der 30 km-Schicht im allgemeinen recht gut aneinander an; wo dies nicht der Fall war, wurde geeignet geglättet.

Obwohl dem stratosphärischen Wasserdampf im Hinblick auf seine Bedeutung in der Photochemie in den letzten Jahren immer mehr Beachtung geschenkt wurde [HUNT 1966a, HESSTVEDT 1968, HAMPSON 1969], ist über seine räumliche Verteilung und jahreszeitlichen Variationen bis heute recht wenig bekannt. Eine Arbeit von Mc KINNON und MOREWOOD [1970] besagt, daß die Jahresvariationen nur wenige Prozent betragen; die Mischungsverhältnisse liegen für die mittlere Stratosphäre (oberhalb 15 km) bei 3 µg H_2O/g Luft.

Im Modell wurde aus Mangel an genauerem Datenmaterial ein zeitlich und räumlich konstantes Mischungsverhältnis von 5×10^{-6} Molekülen H_2O/Luftmolekül angenommen. Dies entspricht mit ≈ 3 µg/g dem spärlich zur Verfügung stehenden Meßmaterial. In einer Testrechnung wurde außerdem das Mischungsverhältnis auf 10^{-5} Moleküle H_2O/Luftmolekül verdoppelt.

5.5 Windkomponenten

Die Windkomponenten v, w der mittleren Meridionalzirkulation wurden einer Arbeit von MURGATROYD und SINGLETON [1962] entnommen. Obwohl es sich um eine ältere Arbeit handelt, schien sie für die vorliegenden Untersuchungen recht gut geeignet, da sie vollständiges Material über beide Komponenten für den gesamten Höhenbereich zwischen 15 und 80 km als Funktion der Jahreszeiten liefert. Neuere Arbeiten, z.B. von VINCENT [1968], haben dagegen den Nachteil, daß sie häufig nur Einzelfall-Studien darstellen und nicht die gesamte Stratosphäre berücksichtigen.

5.6 Diffusionskoeffizienten

Der gesamte Transportmechanismus in der Stratosphäre wurde als Kombination von mittlerer Meridionalzirkulation und Großturbulenz (large scale eddy diffusion) aufgefaßt. Zur Beschreibung der Großturbulenz waren Diffusionskoeffizienten K_y und K_z erforderlich. REED und GERMAN [1965] geben K_y und K_z als Funktion der Höhe, geographischen Breite und Jahreszeit an. Diese Werte wurden aufgrund der Ausbreitungsphänomene, wie sie am radioaktiven Wolfram 185 beobachtet wurden, theoretisch durch Integration einer Diffusionsgleichung abgeleitet. (Wolfram 185 wurde während einer Kernwaffentestserie 1958 in die untere äquatoriale Stratosphäre injiziert.) K_y und K_z wurden entsprechend der Angaben von REED und GERMAN als höhen-, breiten- und zeitabhängig angesetzt. Für die obere Stratosphäre wurden die Angaben dieser Autoren extrapoliert. Die Größenordnungen der Koeffizienten betragen:

$$K_y \approx 10^9 \ldots 10^{10} \text{ cm}^2/\text{sec},$$
$$K_z \approx 10^3 \ldots 10^4 \text{ cm}^2/\text{sec}.$$

Maximalwerte werden zu allen Jahreszeiten in der Nähe der Tropopausenbrüche erreicht.

6. Ergebnisse

6.1 Allgemeine Bemerkungen

Es wurde eine Reihe von Rechenexperimenten mit zwei photochemischen Theorien (Chapman- und Hesstvedt-Schema) durchgeführt, und zwar wurden jeweils photochemische Effekte allein und der kombinierte Einfluß von Photochemie und Transporten untersucht. Dabei wurden die von MURGATROYD und SINGLETON [1962] angegebenen Werte für die Windkomponenten um einen zwischen 0,2 und 1 liegenden Faktor variiert, um eine bestmögliche Anpassung an die beobachtete Ozonverteilung zu erzielen.

Ferner wurde die Anfangsverteilung variiert, um von ihr unabhängige Ergebnisse zu erhalten. Rechnungen mit Berücksichtigung von Transporteffekten müssen in dieser Hinsicht sehr kritisch betrachtet werden.

Eine wesentliche Forderung an das Modell war die jährliche Periodizität der Lösungen. Obwohl in den letzten Jahren Anzeichen für langzeitliche Trends im Gesamtozon festgestellt worden sind [KOMHYR et al. 1971], erscheint diese Forderung für Modellrechnungen vorerst ohne Einschränkung sinnvoll, da die photochemische Steuerung der Ozonbildung eine Funktion der zur Verfügung stehenden Sonnenenergie ist, von der man in einem Modell der vorliegenden Art vernünftigerweise Periodizität annimmt, falls nicht gerade der Einfluß von zeitlichen Variationen des Sonnenspektrums studiert werden soll.

Tabelle 6.1 stellt die Mischungsverhältnisse Ozon/Luft in $\mu g/g$ für eine Rechnung bei Verwendung der Hesstvedt-Theorie und der mit 0,6 multiplizierten Murgatroyd-Singleton-Windkomponenten zusammen. Die Rechnung begann, wie alle Rechnungen, am 1. Januar. Die linke Tabellenhälfte enthält die Daten zum Zeitpunkt 30. Juni, also nach 180 Tagen, die rechte Seite die Daten nach insgesamt 540 Tagen. Es müßten also im Falle der genauen Periodizität und bei Erreichen eines quasistationären Endzustandes beide Hälften übereinstimmen. Für Höhen oberhalb 30 km, also in der überwiegend photochemisch beherrschten Region, ist vollständige Übereinstimmung. Unterhalb 30 km bleiben die Abweichungen, sofern man von den Randwerten selbst absieht, im allgemeinen unter 10 %.

Da der Rechenzeitbedarf beträchtlich ist - ca. 60 Minuten auf der UNIVAC 1108 für 1 Jahr = 360 Zeitschritte - und der nach einer Integrationszeit von mehr als 1 Jahr zu erwartende zusätzliche Informationsgehalt nicht wesentlich größer sein dürfte als nach einem Jahr, wurden alle Rechnungen am 1. Januar begonnen und nach t = 360 Tagen abgebrochen. Die Verteilung vom 30. Dezember wurde dabei als quasistationärer Endzustand angesehen. Das Problem der jährlichen Periodizität ist deshalb nicht allzu kritisch, weil die Temperatur, Windkomponenten und Austauschfunktion extern vorgeschrieben werden und daher strenge jährliche Periodizität aufweisen.

Auf diese Weise konnten im Modell die sich aus einer Gleigewichtsverteilung entwickelnden Chapman- und Hesstvedt-Verteilungen mit und ohne Transporteffekten ermittelt werden.

Die zum Schluß angestellten numerischen Experimente beliefen sich auf Untersuchungen des NO_x-Einflusses auf das Ozon in Verbindung mit der Hesstvedt-Photochemie.

Tabelle 6.1

Ozonmischungsverhältnisse in µg/g nach 180 Tagen (linke Tabellenhälfte)

und 540 Tagen (rechte Hälfte) Integrationszeit

km	30. 6. 1. Jahr							30. 6. 2. Jahr						
	Breite							Breite						
	Nord				Süd			Nord				Süd		
	90°	60°	30°	0°	30°	60°	90°	90°	60°	30°	0°	30°	60°	90°
50	6,9	8,0	10,0	10,1	9,1	7,6	5,2	6,9	8,0	10,0	10,1	9,1	7,6	5,2
46	8,6	9,9	12,3	12,4	10,9	9,4	9,9	8,6	9,9	12,3	12,4	10,9	9,4	9,9
42	10,8	12,2	15,3	15,1	12,9	10,6	11,6	10,8	12,2	15,3	15,1	12,9	10,6	11,6
38	12,7	14,2	17,8	17,2	13,9	11,1	12,6	12,7	14,2	17,8	17,2	13,9	11,1	12,6
34	12,8	14,3	18,0	16,9	12,5	10,2	11,0	12,8	14,3	18,0	16,9	12,5	10,2	11,0
30	9,8	11,3	14,3	12,8	8,9	7,9	8,3	9,8	11,3	14,3	12,8	8,9	7,9	8,3
26	5,1	5,6	6,6	5,8	3,4	3,7	4,0	5,2[+]	5,7[+]	6,7[+]	5,8	3,3[+]	3,5[+]	3,8[+]
22	2,7	2,8	2,6	2,0	2,3	2,7	2,9	2,9[+]	3,0[+]	2,7[+]	1,9[+]	2,1[+]	2,5[+]	2,7[+]
18	1,5	1,3	0,7	0,6	1,2	1,8	2,0	1,8[+]	1,5[+]	0,7	0,6	1,0[+]	1,6[+]	1,7[+]
14	0,9	0,7	0,3		0,6	1,2	1,5	1,2[+]	0,8[+]	0,3		0,5[+]	1,0[+]	1,2[+]
10	0,5	0,4				0,7	0,9	0,7[+]	0,5[+]				0,6[+]	0,7[+]

[+] Abweichungen gegenüber 1. Jahr

6.2 Chapman-Modell

6.21 Photochemie

Abb. 13 a - d zeigen die Ergebnisse einer rein photochemischen Rechnung nach dem Chapman-Schema. Die photochemische Gleichgewichtsverteilung (vgl. auch Abb. 5) zu Beginn der Rechnung zeigt bei $20°S$ ein ausgeprägtes Maximum von $5,8 \times 10^{12}$ O_3-Molekülen/cm^3, also recht genau auf der geographischen Breite des maximalen Sonnenstandes. Die hohe Stratosphäre (oberhalb 38 km) weist nur Konzentrationen kleiner als 1×10^{12} Moleküle/cm^3 auf. Nahezu ozonfrei sind ferner die hohen nördlichen Breiten oberhalb $60°N$ sowie die untere Stratosphäre polwärts von $50°N$ bzw. $50°S$.

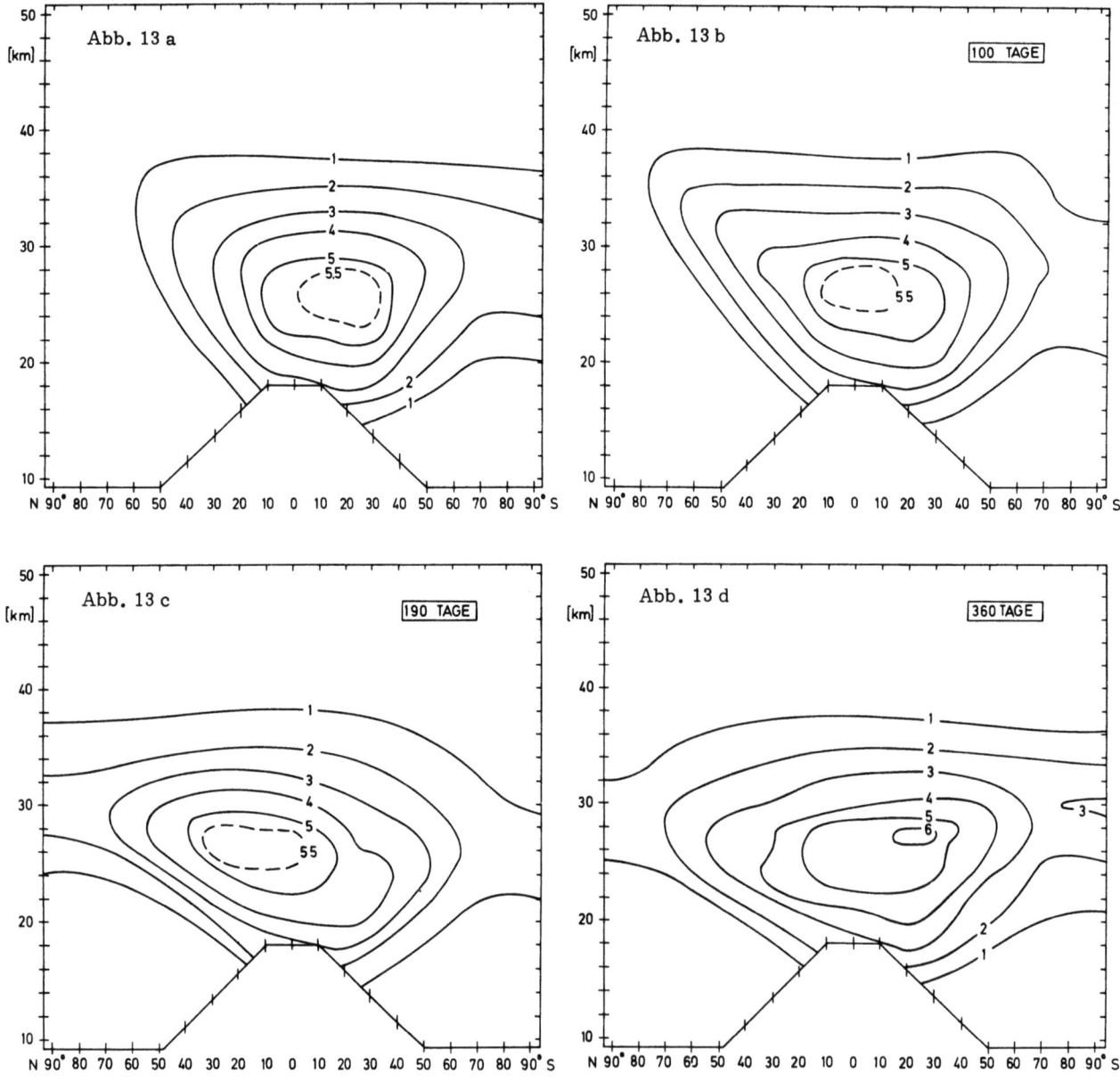

Abb. 13 a - d: Ozonverteilungen zu den Zeitpunkten t = 0, 100, 190 und 360 Tage. (1. Januar, 10. April, 10. Juli, 30. Dezember). Dargestellt sind die Ergebnisse photochemischer Rechnungen bei Verwendung des Chapman-Schemas. Einheiten: 10^{12} Molek./cm^3.

Nördlich von 60° N wird wegen der Polarnacht kein "photochemisches Ozon" erzeugt. Ebenso reicht in hohen Breiten in der unteren Stratosphäre selbst im Gebiet des Polarsommers die Sonnenenergie nicht aus, um photochemisches Ozon zu erzeugen.

Nach 100 Tagen ist das tropische Ozonmaximum mit der Sonne nordwärts gewandert und liegt jetzt in Äquatorgegend; seine Intensität ist erhalten geblieben, d.h. in der mittleren äquatorialen Stratosphäre herrscht annähernd photochemisches Gleichgewicht. Über dem Winterpol beginnt mit Beendigung der Polarnacht am 21. März die Ozonbildung. Nach 100 Tagen setzt sie zunächst in großer Höhe (ca. 40 km) ein und beginnt, sich langsam nach unten fortzusetzen.

Zum Zeitpunkt t = 190 Tage (Abb. 13 c) ist die Südhemisphäre nahezu unverändert; das Ozonmaximum ist weiter dem maximalen Sonnenstand gefolgt.

Über dem Nordpol hat sich, ähnlich wie über dem Südpol, eine "Ozonschicht" mit maximaler Intensität von $2,5 \times 10^{12}$ Molekülen/cm^3 ausgebildet. Wegen der größeren Zenitdistanzen in hohen Breiten ist dort die Sonnenenergie insgesamt und damit auch ihre Eindringtiefe geringer als in niederen Breiten. Daher liegt nach photochemischen Rechnungen in hohen Breiten das Maximum höher als in niederen.

Nach einer Integrationszeit von 360 Tagen (Abb. 13 d) ergibt sich eine zu Abb. 13 c nahezu spiegelbildliche Verteilung in bezug auf den Äquator. Hierin findet sich erneut der unmittelbare Einfluß der Sonnenstrahlung auf das "photochemische Ozon" bestätigt. Diese Rechnungen liefern für die Äquatorregion annähernd realistische Ozonverteilungen. Für hohe Breiten können die beobachteten Ozonmaxima in Höhen von ca. 16 km jedoch nicht photochemisch erklärt werden.

Rechnungen mit einer auf Beobachtungen basierenden Ozonanfangsverteilung zeigten einen stetigen photochemischen Abbau der polaren Ozonmaxima von 3 % pro Jahr. Letztere können also nur durch Transportmechanismen erklärt werden.

6.22 Transporte

Die Abb. 14 a - d zeigen die Ergebnisse einer Rechnung unter Verwendung der Chapman-Theorie und Einbeziehung von Meridionaltransporten. Für diese Rechnung wurden die 0,6-fachen Murgatroyd-Singleton-Windkomponenten berücksichtigt.

Für Höhen oberhalb 30 km besteht fast vollkommene Übereinstimmung mit den rein photochemischen Rechnungen, weil in der hohen Stratosphäre die photochemischen Reaktionen unter dem Einfluß hinreichend großer Sonnenenergien schnell genug ablaufen, um die Wirkung aller Transportmechanismen ausgleichen zu können. Die Ergebnisse sind also für die obere Stratosphäre unabhängig von der angenommenen Meridionalzirkulation.

Unterhalb 30 km werden Transporteffekte bedeutungsvoll. Die untere tropische Stratosphäre wird infolge Vertikalbewegungen etwas ozonärmer, das Ozonmaximum der mittleren Stratosphäre verliert etwas an Intensität (ca. 10 - 20 %). Dieser Verlust ist auf Meridionalwindkomponenten zurückzuführen, welche in Verbindung mit Vertikalkomponenten in hohen Breiten in den photochemisch geschützten Gebieten der polaren unteren Stratosphäre sekundäre Ozonmaxima hervorrufen. Ein wesentlicher Mangel dieses Modells besteht allerdings darin, daß sich das Ozon in hohen Breiten über dem Rand (Tropopause) anzusammeln scheint und die Maxima sich nicht in der beobachteten Höhe von ca. 16 km ausbilden. Außerdem ist zu beachten, daß nach einer Integrationszeit von 360 Tagen keineswegs ein quasistationärer Endzustand erreicht ist.

Diese im vorliegenden Modell festgestellten Tatbestände zwingen zu einer kritischen Betrachtungsweise der von GEBHART [1968] erzielten Ergebnisse. GEBHARTs Modell endet bei einer Höhe von 15 km; als Randwerte in dieser Höhe werden beobachtete Werte verwendet. Die Anfangsverteilung ist eine auf Beobachtungen basierende. Mit diesen Voraussetzungen ist es nicht verwunderlich, daß sich bereits nach 1 Jahr Integrationszeit Periodizität einstellt. Immerhin liegen die Einstellzeiten des Ozons bei Anwendung der trockenen Theorie in 15 km Höhe bei Werten von etwa einigen Monaten bis zu einem Jahr. Ein Modell, welches bei 15 km Höhe endet, realistische Anfangs- und Randwerte und die träge trockene Theorie verwendet, kann also leicht realistische Werte nach einer Integrationszeit von 360 Tagen vortäuschen. Echte Periodizität auch in der unteren Stratosphäre bis hinab zur Tropopause zu erzeugen, erwies sich wegen des hohen Rechenaufwandes als unmöglich. Mit der feuchten Theorie läßt sich immerhin nach 540 Tagen Integrationszeit annähernd Periodizität erreichen (vgl. Abschnitt 6.1, Tabelle 6.1).

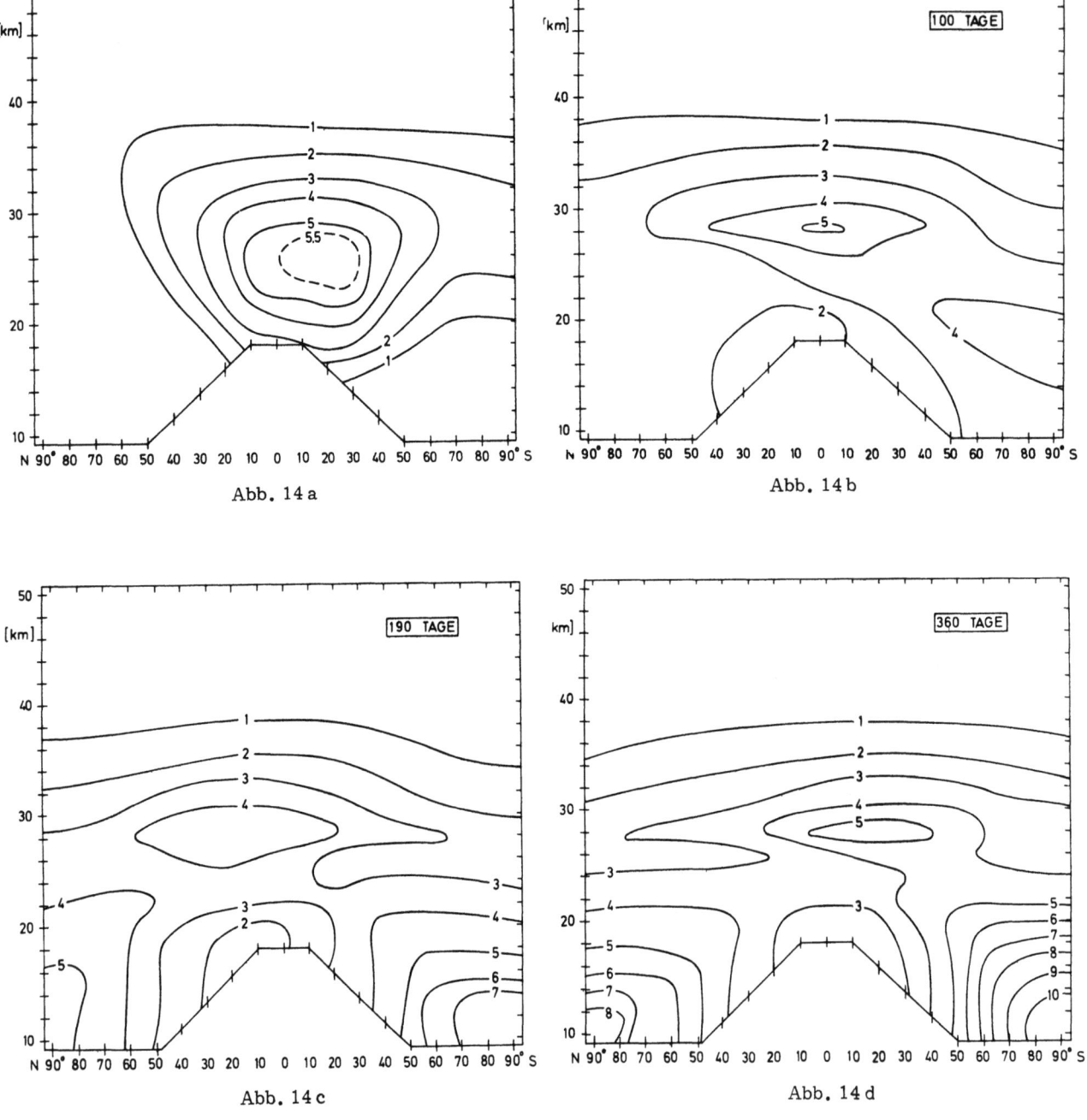

Abb. 14 a

Abb. 14 b

Abb. 14 c

Abb. 14 d

<u>Abb. 14 a - d</u>: Ozonverteilungen zu den Zeitpunkten t = 0, 100, 190 und 360 Tage. (1. Januar, 10. April, 10. Juli, 30. Dezember). Dargestellt sind die Ergebnisse des 60%-Chapman-Modells. Einheiten: 10^{12} Moleküle/cm^3.

6.3 Hesstvedt-Modell

6.31 Hesstvedt-Photochemie

Die Abb. 15 a - d zeigen Ergebnisse, welche mit Hilfe der Hesstvedt-Photochemie errechnet wurden zu den Zeitpunkten t = 100, 190 und 360 Tage. Zum Zeitpunkt t = 100 Tage ist die Verteilung ihrem Allgemeincharakter nach ähnlich der Chapman-Verteilung; es treten jedoch auch typische Unterschiede auf. Im tropischen Maximum werden nur noch Werte von $3,8 \times 10^{12}$ Molek./cm^3 gegenüber $5,8 \times 10^{12}$ Molek./cm^3 erreicht, und es liegt mit 27 km um ungefähr 1 km höher.

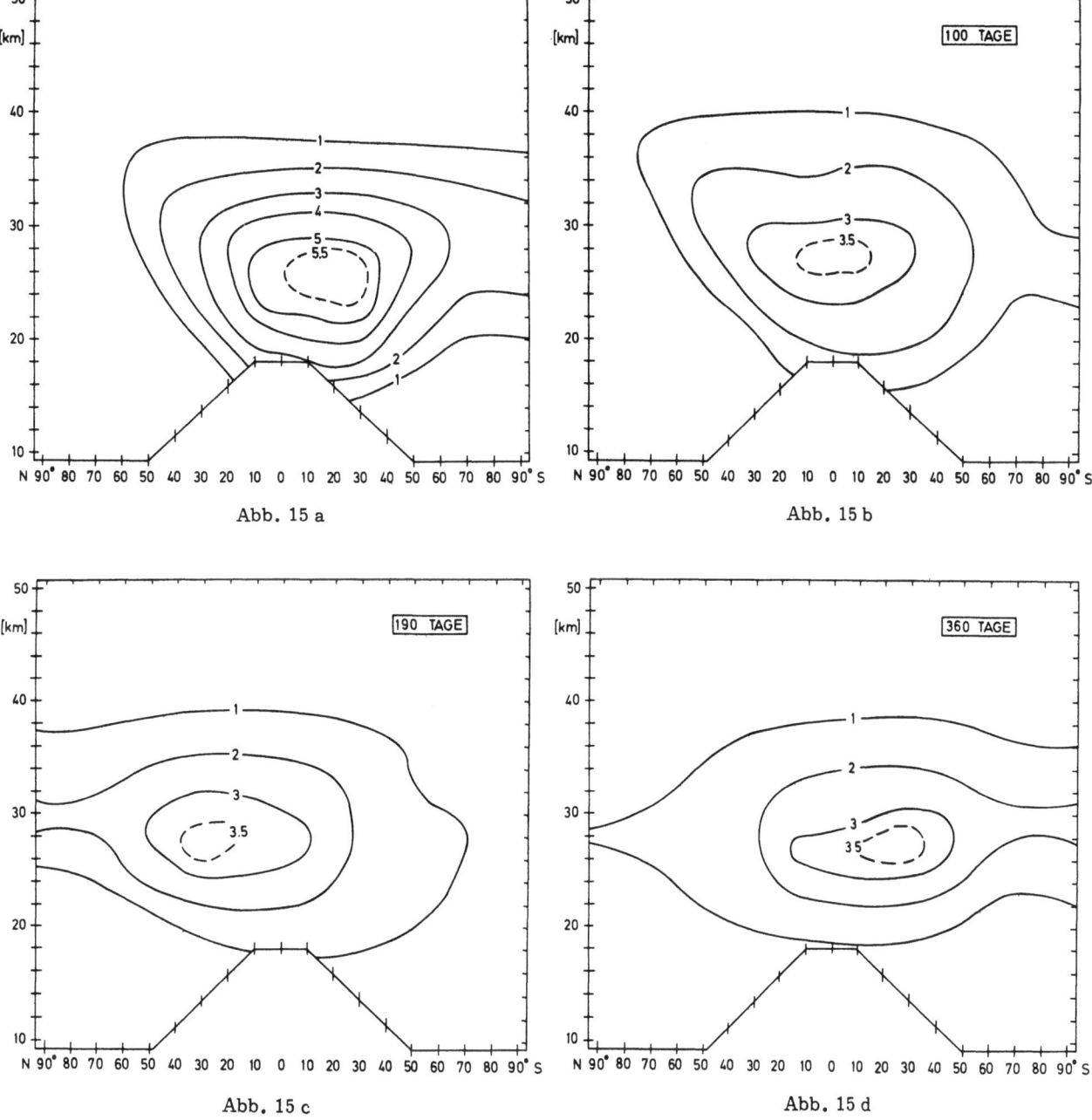

Abb. 15 a - d: Ozonverteilungen zu den Zeitpunkten t = 0, 100, 190 und 360 Tage. (1. Januar, 10. April, 10. Juli, 30. Dezember). Dargestellt sind die Ergebnisse photochemischer Rechnungen bei Verwendung des Hesstvedt-Schemas. Einheiten: 10^{12} Moleküle/cm^3.

Diese Unterschiede lassen sich folgendermaßen erklären: Die "feuchten" Komponenten bewirken eine geringere Ergiebigkeit der äquatorialen Ozonquelle und damit niedrigere Ozonkonzentrationen in der unteren und mittleren Stratosphäre. Die Vertikalverlagerung des Ozonmaximums der mittleren äquatorialen Stratosphäre kann gedeutet werden durch die zusätzliche Absorption des H_2O_2. Diese führt zu einer Reduzierung der Eindringtiefe der Sonnenstrahlung und damit einer Anhebung der Schicht maximaler Ozonkonzentration.

Nach 360 Tagen erhält man auch im Falle der Hesstvedt-Theorie eine zum Zeitpunkt t = 190 Tage nahezu spiegelbildliche Verteilung. Allerdings scheint sich im Falle rein photochemischer Rechnungen eine stärkere "Reaktionsfreudigkeit" bei Verwendung der feuchten Theorie anzudeuten. Feuchte Reaktionen bewirken auch, daß das Ozon über dem Südpol nach Hereinbrechen der Polarnacht (21.3.) sehr viel rascher verschwindet als im Falle der trockenen Theorie (vgl. Abb. 13 b zum Zeitpunkt t = 100 Tage).

Zusammenfassend läßt sich sagen: Die feuchte Theorie liefert gegenüber der klassischen Theorie Abweichungen von bis zu 36 %. Mit beiden Theorien erhält man nach 360 Tagen Integrationszeit einen quasistationären Endzustand für Höhen oberhalb 28 km.

Verwendet man beobachtete Werte als Anfangsverteilung, so erhält man auch in diesem Falle in der oberen Stratosphäre vollständige Übereinstimmung mit den sich aus der Gleichgewichtsverteilung entwickelnden Werten. Die polaren Ozonmaxima werden innerhalb eines Jahres in ihrer Intensität um 50 % reduziert, während im Falle der Chapman-Theorie nur eine Abbaurate von 3 % pro Jahr festzustellen war.

6.32 Transporte

Im folgenden werden Ergebnisse dargestellt, welche bei Verwendung der Hesstvedt-Theorie unter dem Einfluß von Transporteffekten erzielt wurden. Zur bestmöglichen Anpassung des Transporteinflusses an die Beobachtungen wurden neben den Original-Werten von Murgatroyd-Singleton auch um die Faktoren 0,2 und 0,6 modifizierte Daten verwendet.

6.321 Einfluß der Windkomponenten

Tabelle 6.2 enthält auszugsweise einige Werte des Gesamtozons (in Dobson-Einheiten ≡ matm-cm) für das 100 %-, 60 %- und 20 %-Modell zusammen mit rein photochemischen Ergebnissen.

Tabelle 6.3 stellt für die drei genannten Modelle die Abweichungen "Transporteffekte" - "Photochemie" zusammen.

Wie zu erwarten, erhalten die höchsten Breiten den größten Zuwachs an Ozon, und dies umso stärker, je größer die Windkomponenten gewählt werden.

Im Falle des 100 %-Modells werden bis zu 30° Breite negative Abweichungen zwischen Rechnungen mit Transport und rein photochemischen festgestellt. Diese negativen Abweichungen gelten allerdings generell nur fürs Gesamtozon. Betrachtet man die Vertikalverteilung, so bemerkt man, wie diese negative Bilanz auf Kosten des "niedrigen Ozons" in photochemisch geschützten Gebieten unterhalb 22 km zustande kommt. Das "hohe Ozon" wird weiterhin durch eine ausreichend ergiebige mittelstratosphärische äquatoriale Ozonquelle gespeist.

Das 20 %-Modell zeigt naturgemäß die geringsten Abweichungen gegenüber dem Hesstvedt-Modell.

Die relativ besten Ergebnisse in bezug auf die Absolutwerte des Ozons sowie seine meridionale und vertikale Verteilung wurden mit einem 60 %-Zirkulationsmodell erzielt. Abb. 16 zeigt für dieses Modell

Tabelle 6.2

Gesamtozon in matm-cm für das 20%-, 60%- und 100%-Hesstvedt-Modell
sowie für das photochemische Hesstvedt-Modell

	90°N	60°N	30°N	0°	
30. Jun.	312.3	274.3	198.8	167.0	
30. Okt.	230.5	210.4	169.9	172.3	100% - Modell
30. Dez.	244.3	228.6	158.5	164.3	
30. Jun.	178.4	199.5	220.0	195.1	
30. Okt.	155.3	164.7	182.4	200.8	20% - Modell
30. Dez.	162.5	169.3	164.4	191.1	
30. Jun.	241.3	242.2	213.7	182.0	
30. Okt.	207.9	202.1	181.1	186.7	60% - Modell
30. Dez.	224.1	217.5	166.9	178.0	
30. Jun.	101.9	128.0	207.5	195.9	Photochemisches
30. Okt.	49.7	87.3	161.6	196.1	Modell
30. Dez.	44.6	71.7	124.4	184.5	(HESSTVEDT)

Tabelle 6.3

Differenzen "Transporteffekte" - "Photochemie" in matm-cm für das
20%-, 60%- und 100%-Hesstvedt-Modell

	90°N	60°N	30°N	0°	
30. Jun.	210.4	146.3	- 8.7	-28.9	
30. Okt.	180.8	123.1	8.3	-23.8	100% - Modell
30. Dez.	199.7	156.9	34.1	-20.2	
30. Jun.	76.5	71.5	12.5	- 0.8	
30. Okt.	105.6	77.4	20.8	4.7	20% - Modell
30. Dez.	117.9	97.6	40.0	6.6	
30. Jun.	139.4	114.2	6.2	-13.9	
30. Okt.	158.2	114.8	19.5	- 9.4	60% - Modell
30. Dez.	179.5	145.8	42.5	- 6.5	

das Gesamtozon in Dobson-Einheiten in Abhängigkeit von der geographischen Breite. Kurvenparameter ist die Zeit. Für die Zeitpunkte 10. Januar, 10. April, 10. Juli und 10. Oktober wurde das Gesamtozon über der Breite im Vergleich mit der beobachteten meridionalen Gesamtozonverteilung [GEBHART et al. 1970] aufgetragen. Bei dieser Darstellung wurde eine Rechnung ausgewertet, welche am 1. Januar begann und insgesamt sich über 540 Tage Integrationszeit erstreckte. Die Kurve des 10. Juli ist also bereits das Ergebnis nach 190 Tagen, einem Zeitpunkt, zu dem der quasistationäre Endzustand auf $\approx \pm 10\%$ erreicht ist. Entsprechende Genauigkeitsschranken gelten für die anderen Kurven.

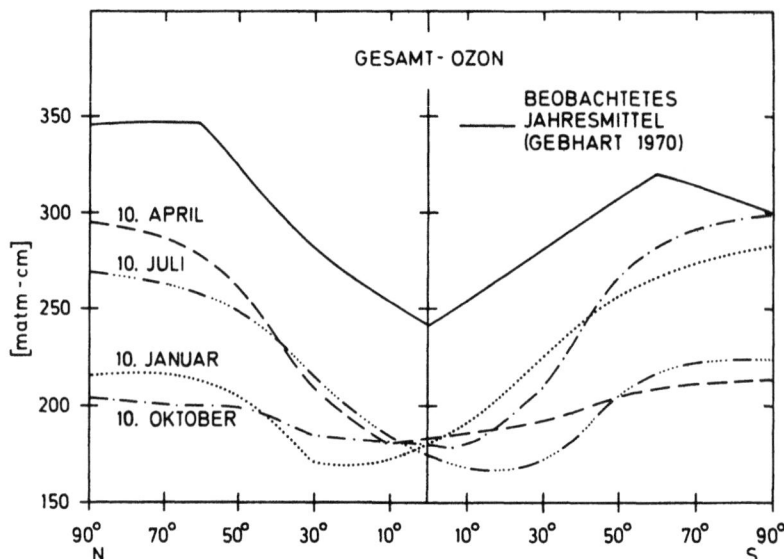

Abb. 16: Gesamtozon als Funktion der geographischen Breite zu den Zeiten 10. Januar, 10. April, 10. Juli, 10. Oktober im Vergleich mit den beobachteten Jahresmittelwerten. Dargestellt sind Ergebnisse des 60%-Hesstvedt-Modells.

Zwei Merkmale sind aus dieser Darstellung hervorzuheben:

1. Die vom Modell produzierten Gesamtozonbeträge bleiben stets unter den beobachteten.
2. April- und Oktober-Kurven bzw. Juli- und Januar-Kurven weisen Spiegelsymmetrie bezüglich des Äquators auf.

Punkt 1 bedeutet zweifellos einen Mangel des vorliegenden Modells. Er ist wahrscheinlich zurückzuführen auf unzureichend genau bekannte Reaktionskoeffizienten. Besonders über die Koeffizienten k_2 und k_3 (Dreierstoß und Rekombination) finden sich in der Literatur immer wieder widersprüchliche Angaben. Der Einfluß verschiedener Werte für k_2 und k_3 wird später diskutiert werden.

Es ist ferner zu bedenken, daß dieses Modell nur das Gesamtozon zwischen 10 und 50 km erfaßt. Im allgemeinen kann man damit rechnen, daß unterhalb 10 km noch 10%, oberhalb 50 km noch 1% des Gesamtozonbetrages liegt, so daß ein Vergleich mit Beobachtungen etwas günstiger ausfällt. Die größten Gesamtozonbeträge werden auf der Nordhalbkugel Ende März in hohen Breiten ($\approx 70°$ N) mit 440 Dobson-Einheiten gemessen. Das vorliegende Modell erzeugt mit fast 300 Einheiten ca. 70% davon.

Punkt 2 ist eine Wirkung der Annahme zeitlicher hemisphärischer Symmetrie der Transportgrößen (Windkomponenten und Diffusionskoeffizienten). Diese Annahme ist nur durch den Mangel an vollständigem Material über stratosphärische Zirkulationen zu rechtfertigen; nicht aber durch Beobachtungen am Gesamtozon, welche eine größere Jahresamplitude des Gesamtozons und höhere maximale Gesamtozonwerte auf der Nordhalbkugel gegenüber der Südhemisphäre aufzeigen und daher auf eine Asymmetrie der stratosphärischen Zirkulationssysteme hindeuten. Die jährlichen Variationen des Gesamtozons in Abhängigkeit von der geographischen Breite sind für das 60%-Transport-Modell in Abb. 17 dargestellt.

Am Äquator ergeben sich in guter Übereinstimmung mit Beobachtungen sehr geringe Variationen. Das Ozon wird hier weitgehend photochemisch gesteuert; Transporte sind unwesentlich. Eine sehr schwache Doppelwelle mit Maxima Mitte März und Mitte Oktober zur Zeit der Solstitien und einer Amplitude von wenigen Dobson-Einheiten unterstreicht das Vorherrschen des photochemischen Einflusses.

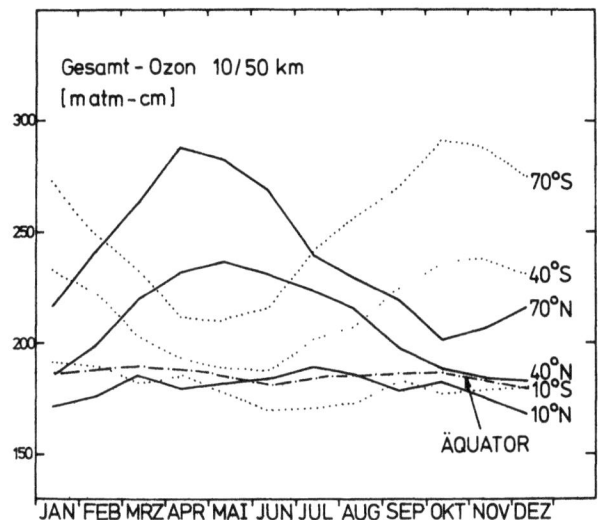

Abb. 17: Gesamtozon als Funktion der Zeit für verschiedene Breiten. Ergebnisse sind errechnet mit dem 60%-Hesstvedt-Modell. (ausgezogen: Nordhalbkugel, punktiert: Südhalbkugel, strichpunktiert: Äquator)

Mit zunehmender Breite geht die äquatoriale Doppelwelle über in eine einfache Jahreswelle mit einer breitenabhängigen Amplitude. Die zeitliche Symmetrie beider Hemisphären zeigt sich in dieser Darstellung am deutlichsten. Geringfügige Abweichungen von maximal 3 % können nur dadurch erklärt werden, daß nach 180 Tagen Integrationszeit (30. Juni) noch nicht vollkommen der quasistationäre Endzustand erreicht wurde. Der durch Beobachtungen zuverlässig belegte Frühjahrsanstieg in hohen Breiten wird vom Modell besonders gut reproduziert.

In den Abb. 18 a - d sind die Meridionalverteilungen zu den Zeitpunkten 100, 190 und 360 Tage dargestellt, errechnet ebenfalls mit dem 60%-Transport-Modell.

Die Abweichungen gegenüber den entsprechenden Ergebnissen des Chapman-Modells sind drastisch; sie sind auszugsweise für den 30. Dezember aus Tabelle 6.4 ersichtlich (Einheiten 10^{12} Moleküle/cm^3).

Ein besonders interessanter Effekt wird aus dieser Tabelle ersichtlich. Die allgemein akzeptierte Auffassung, eine "feuchte" Theorie produziere grundsätzlich weniger Ozon als die "trockene" Chapman-Theorie, scheint nach den hier vorliegenden Ergebnissen nur für Höhen unterhalb 35 km und wegen des unterhalb dieser Grenze liegenden Maximums auch noch für das Gesamtozon gültig zu sein. Oberhalb 35 km wurden in diesem 60%-Zirkulationsmodell (und auch im photochemischen Hesstvedt-Modell) höhere Ozonwerte gegenüber dem Chapman-Modell festgestellt. Dieses Resultat wird im Zusammenhang mit dem H_2O-Einfluß in Abschnitt 6.323 diskutiert werden.

6.32

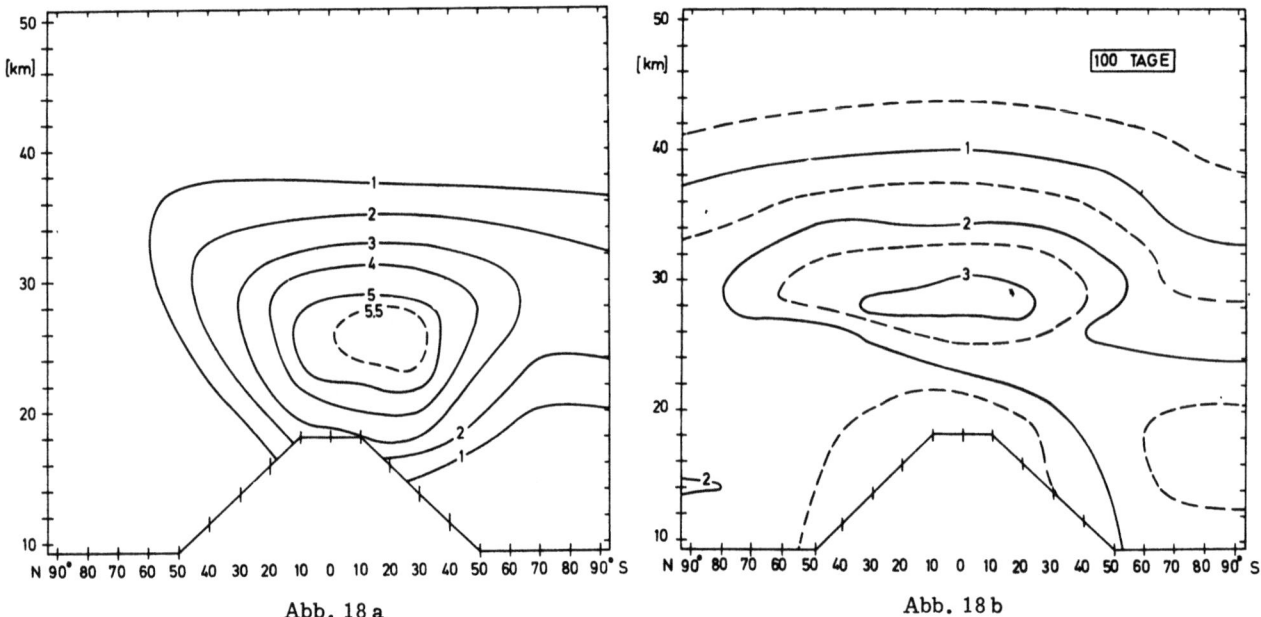

Abb. 18 a   Abb. 18 b

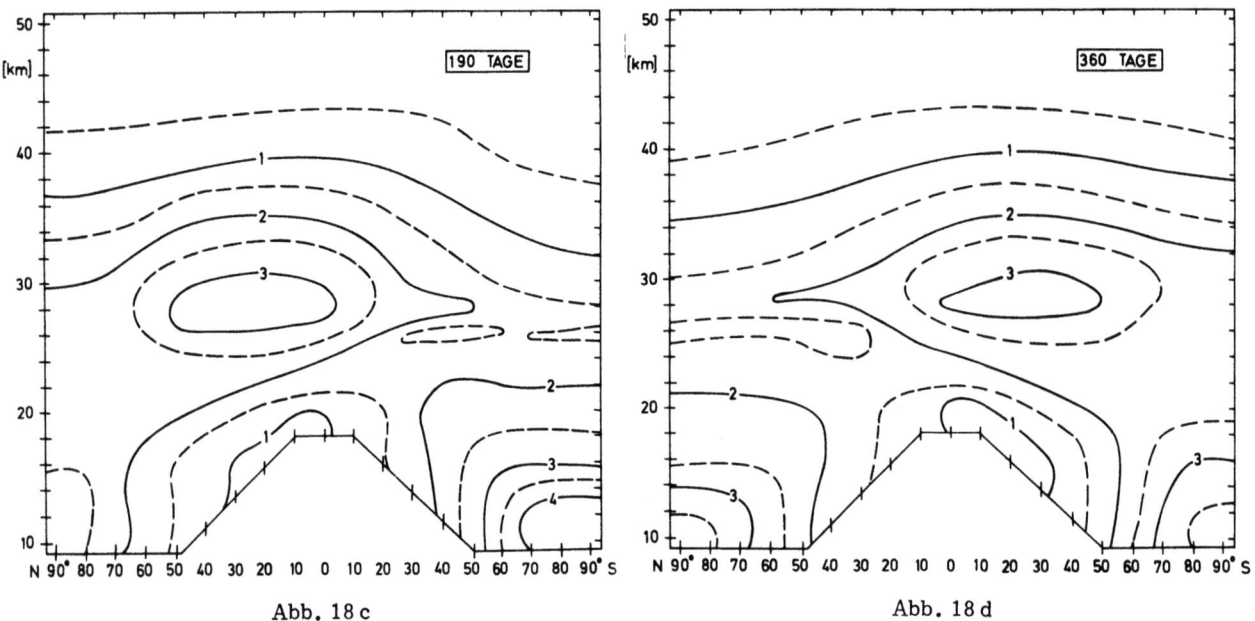

Abb. 18 c   Abb. 18 d

Abb. 18 a - d: Ozonverteilungen zu den Zeitpunkten t = 0, 100, 190 und 360 Tage. (1. Januar, 10. April, 10. Juli, 30. Dezember) Dargestellt sind die Ergebnisse des 60%-Hesstvedt-Modells. Einheiten: 10^{12} Moleküle/cm^3.

Tabelle 6.4

Gegenüberstellung vom 60%-Chapman-Modell und 60%-Hesstvedt-Modell

Integrationszeitraum: 360 Tage; Einheiten: 10^{12} Moleküle/cm³

	CHAPMAN-MODELL - 60% - TRANSPORT							HESSTVEDT-MODELL - 60% - TRANSPORT						
km	90°N	60	30	0	30	60	90°S	90°N	60	30	0	30	60	90°S
50	0.0	0.0	0.0	0.0	0.0	0.0	0.0	0.0	0.1	0.1	0.1	0.1	0.1	0.1
46	0.1	0.1	0.1	0.1	0.1	0.1	0.1	0.1	0.2	0.2	0.3	0.3	0.2	0.2
42	0.2	0.3	0.3	0.3	0.3	0.3	0.3	0.3	0.4	0.5	0.6	0.6	0.5	0.4
38	0.6	0.7	0.8	0.9	0.9	0.8	0.7	0.6	0.7	0.9	1.2	1.2	1.0	0.9
34	1.4	1.5	1.8	2.2	2.3	2.0	1.7	1.1	1.2	1.5	2.1	2.2	1.8	1.6
30	2.4	2.7	3.0	4.0	4.3	3.8	3.1	1.6	1.7	2.0	2.9	3.2	2.7	2.3
26	2.5	2.7	2.6	4.0	4.2	3.9	3.5	1.3	1.4	1.3	2.5	2.8	2.4	2.2
22	3.8	3.8	3.6	3.3	4.1	4.8	4.9	1.9	1.9	1.7	1.6	2.1	2.3	2.2
18	5.0	4.9	3.6	2.3	3.1	6.2	7.4	2.3	2.2	1.6	1.0	1.1	2.2	2.6
14	7.0	6.1	3.7		2.8	7.4	9.6	3.1	2.6	1.6		0.9	2.4	3.2
10	8.2	6.6				7.9	10.6	3.5	2.8				2.6	3.6

6.322 Einfluß der Großturbulenz

Der Einfluß der turbulenten Transporte allein wurde studiert durch Nullsetzen der mittleren Windkomponenten v und w. Den folgenden Ergebnisse liegen die gleichen Modellvoraussetzungen zugrunde wie dem Abschnitt 6.321.

Die Abb. 19 zeigt für den 10. Januar und 10. Juli jeweils die meridionale Verteilung des Gesamtozons bei Berücksichtigung von Photochemie, Advektion und Turbulenz einerseits (gestrichelt) und Photochemie und Turbulenz (ausgezogen) andererseits. Es ergab sich also im Falle vernachlässigter Advektion eine mehr den rein photochemischen Ergebnissen ähnliche Verteilung. Die Wirkung der Turbulenz besteht im wesentlichen in einer Anhebung des Niveaus über den Winterpolen. Die typische Meridionalverteilung, wie sie aus Beobachtungen her bekannt ist, kann also nicht durch die Wirkung von Turbulenz allein erklärt werden.

Die Abb. 20 a - d zeigen die Meridianschnitte für die Integrationsräume t = 100, 190 und 360 Tage.

Die polaren Ozonmaxima werden hiernach nicht erzeugt; ebenso findet kein Abtransport von Ozon aus der äquatorialen unteren Stratosphäre statt, wie ein Vergleich mit den Abb. 18 a - d zeigt.

Beide Effekte sind also nur als Wirkung mittlerer Windkomponenten v und w zu verstehen. Gegenüber diesen bedeutenden Effekten tritt die Wirkung der Großturbulenz völlig in den Hintergrund. Besonders deutlich wird aus diesen Rechnungen die Bedeutung der im Äquator- und Polgebiet wirksamen Vertikalkomponenten. Sie sind offenbar verantwortlich für die Ausbildung der charakteristischen polaren Ozonprofile mit Maxima im Höhenbereich um 16 km.

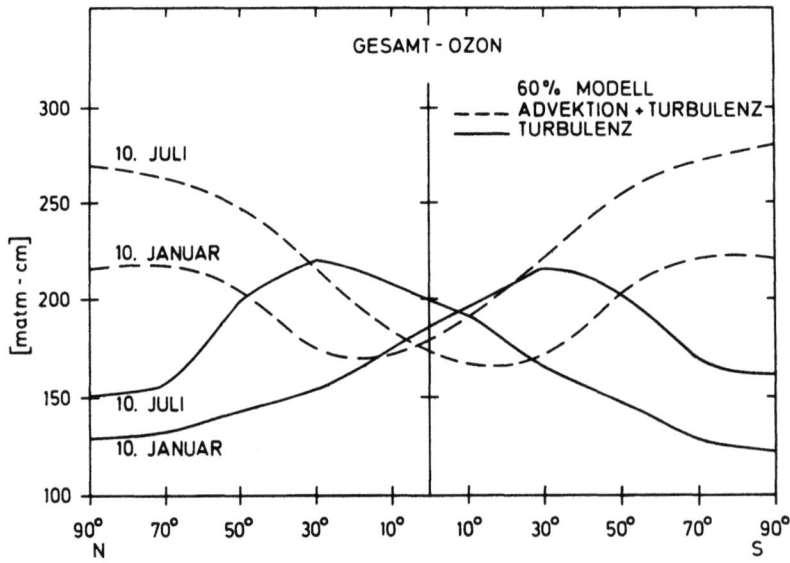

Abb. 19: Gesamtozon als Funktion der geographischen Breite für den 10. Januar und 10. Juli unter Berücksichtigung von Photochemie, Turbulenz und Advektion (- - -) sowie Photochemie und Turbulenz. Die Ergebnisse sind berechnet mit dem 60%-Hesstvedt-Modell.

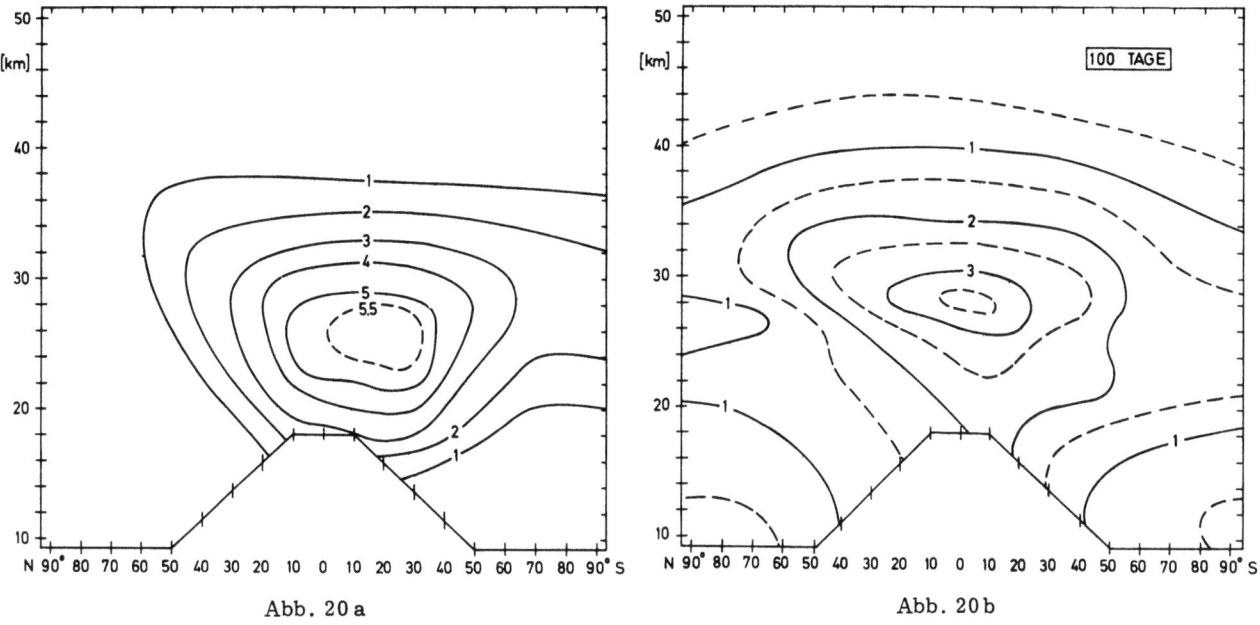

Abb. 20 a   Abb. 20 b

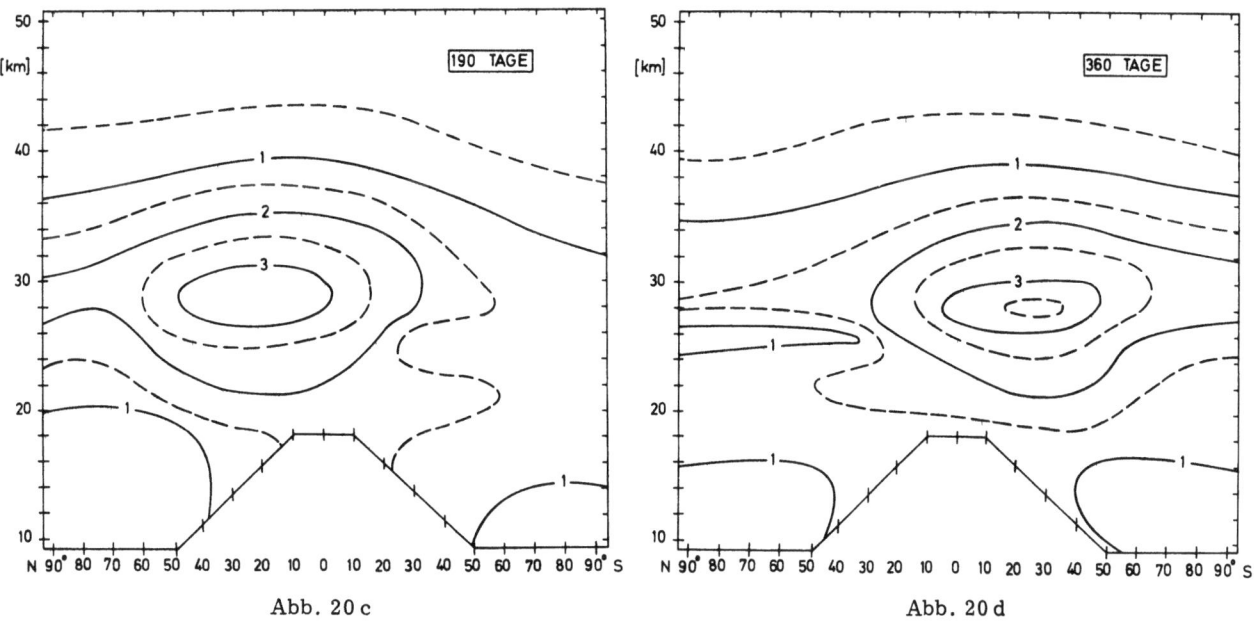

Abb. 20 c   Abb. 20 d

<u>Abb. 20 a - d</u>: Ozonverteilung zu den Zeitpunkten t = 0, 100, 190 und 360 Tage. (1. Januar, 10. April, 10. Juli, 30. Dezember) Ergebnisse des 60%-Hesstvedt-Modells ohne Berücksichtigung der Advektion. Einheiten: 10^{12} Moleküle/cm^3.

6.323 Wasserdampfgehalt

Das Hesstvedt-Modell erwies sich als nicht sehr empfindlich gegen Änderungen des stratosphärischen Wasserdampfgehaltes. Um dies zu testen, wurde das Wassermischungsverhältnis verdoppelt auf 10^{-5} Moleküle H_2O/Luftmolekül. Die Wirkung dieser Maßnahme ist u.a. in Abb. 21 dargestellt (Kurven 1 und 2).

Es handelt sich bei dieser Darstellung um Vertikalprofile am Äquator nach 180 Tagen Integrationszeit, errechnet unter Einbeziehung von Transporteffekten. Überraschenderweise wirkt sich eine Änderung des Wasserdampfgehaltes auf dieser Breite nur bis zu einer Höhe von 35 km aus; die Änderungen liegen für diesen Höhenbereich bei 20 %. Interessantestes Merkmal in Abb. 21 ist der Schnittpunkt der Kurven 1, 2 mit Kurve 3, dem "Chapman-Profil". Nach dieser Darstellung existiert offenbar eine Grenzhöhe, bis zu welcher der Wasserdampf selbst unmittelbar eine Reduzierung des Ozons auslöst. Es besteht ein stetiger Übergang vom trockenen über das feuchte Modell zum Modell mit verdoppeltem Wassergehalt. Oberhalb dieser Grenzhöhe von ca. 35 km wird der Betrag des H_2O-Gehaltes für die Gestalt des feuchten Profils belanglos; die Kurven 1 und 2 gehen ineinander über. Gegenüber Kurve 3 werden jedoch höhere Ozonwerte erzielt.

Kurve 4 zeigt das Vertikalprofil der OH-Radikale, ebenfalls zum Zeitpunkt t = 180 Tage. Im Gegensatz zu allen anderen feuchten Komponenten, wie HO_2 und H_2O_2, liegt beim OH das Maximum bei 45 km Höhe. Der Verdacht liegt nahe, daß die OH-Radikale eine zusätzliche Ozonproduktion bewirken können. Einzige Möglichkeit, Ozon zu erzeugen, ist der Dreierstoß. Dieser erfordert die Existenz von $O(^3P)$-Atomen. Die Reaktion $O_2 + h\nu \rightarrow O(^3P) + O(^1D)$ in Verbindung mit der Deaktivierung über die Reaktion $O(^1D) + M \rightarrow O(^3P) + M$ stellt keine $O(^3P)$-Quelle dar, denn im Falle der trockenen Theorie wurde zur Ermittlung der Dissoziationsrate f über das Gesamtintervall (1500 < λ < 2424 Å) integriert, während zur Ermittlung von f_{2a} bzw. f_{2b} jeweils von 1500 - 1750 Å bzw. 1750 - 2424 Å integriert wurde ($f_2 = f_{2a} + f_{2b}$). In ähnlicher Weise beeinflußt auch die Zusatzreaktion $O_3 + h\nu \rightarrow O(^1D) + O_2$ in Verbindung mit $O(^1D) + M \rightarrow O(^3P) + M$ nicht die Bilanz der $O(^3P)$-Atome. (Diese Reaktionen würden sogar eine Ozonzerstörung bewirken.)

Die Suche nach einer $O(^3P)$-Quelle innerhalb der Hesstvedt-Photochemie führt zwangsläufig auf die Reaktion $OH + OH \rightarrow H_2O + O(^3P)$. Nur diese kommt als Ursache für die gegenüber der Chapman-Theorie höheren Ozonwerte oberhalb 35 km in Frage. Erhärtet wird dieser Verdacht durch das OH-Maximum in Höhen oberhalb 35 km, welches auch von HUNT festgestellt wurde (vgl. LEOVY [1969]).

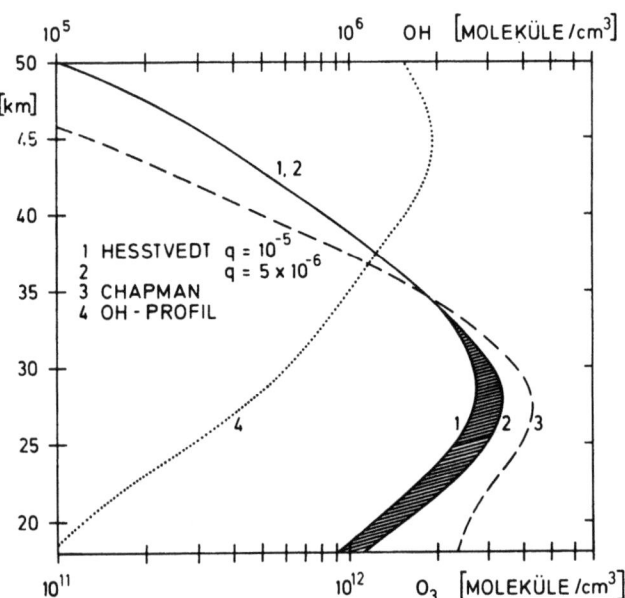

Abb. 21: Einfluß des stratosphärischen Wasserdampfmischungsverhältnisses q auf das vertikale Ozonprofil am Äquator.
——— 60 %-Hesstvedt-Modell
- - - - 60 %-Chapman-Modell
· · · · OH -Profil
Dargestellt sind die Profile zum Zeitpunkt t = 180 Tage (30. Juni)

6.324 Variation der Reaktionskoeffizienten

Neben den Koeffizienten von BENSON und AXWORTHY (k_2) und CAMPBELL und NUDELMAN (k_3) wurden auch Werte von KAUFMAN und SCHIFF verwendet (vgl. Tabelle 5.2).

Die sich mit dem 60%-Hesstvedt-Modell ergebenden Ozonprofile sind in der Abb. 22 aufgetragen für den Äquator. Man beobachtet dort für Höhen größer als 30 km eine Zunahme des Ozons gegenüber den früheren Rechnungen mit den alten Koeffizienten um Beträge bis zu 75 %. Für Höhen unterhalb 30 km sind Verminderungen von ca. 10 % festzustellen.

In Tropopausenhöhe sind keine Differenzen feststellbar.

Der Betrag des absoluten Maximums ist nahezu unbeeinflußt vom Wechsel der Koeffizienten, während seine vertikale Position um 3 km nach oben verlagert ist.

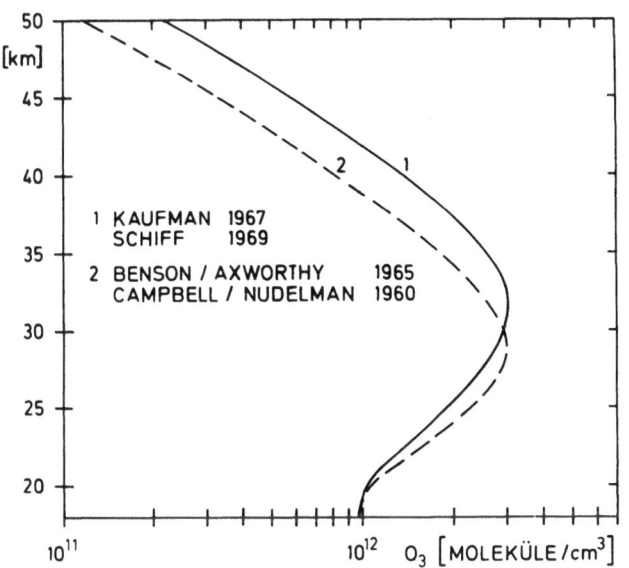

Abb. 22: Einfluß verschiedener Werte für die Reaktionskoeffizienten k_2 und k_3 auf das Ozonprofil am Äquator. Dargestellt sind Profile zum Zeitpunkt t = 360 Tage (30. Dezember).

Zusammenfassend läßt sich über die Bedeutung der Koeffizienten k_2 und k_3 folgendes sagen:
Der Übergang zu den neueren Reaktionskoeffizienten bewirkt für größere Höhen (>30 km) eine höhere Wahrscheinlichkeit für den Dreierstoß und damit eine vermehrte Ozonbildung.

Unterstützt wird dieser Effekt durch die verringerte Rekombination von O_3-Molekülen mit $O(^3P)$-Atomen.

Eine grobe Abschätzung zeigt, daß der die Ozonzersetzung überwiegend beeinflussende Faktor k_3/k_2 für den Bereich stratosphärischer Temperaturen auf 1/7 reduziert wird beim Übergang zu den neueren Koeffizienten. Für geringere Höhen ist offenbar die Rekombination immer noch überwiegend gegenüber der Ozonbildung.

Der ausgeprägte Ozonzuwachs oberhalb 30 km findet seinen Niederschlag auch im Gesamtozon, welches in der Tabelle 6.5 für das 60%-Hesstvedt-Modell für beide Koeffizientenpaare zusammengestellt ist (360 Tage Integrationszeit).

Tabelle 6.5

Gesamtozon in matm-cm für das 60%-Hesstvedt-Modell bei Verwendung verschiedener Werte für k_2 und k_3

	90°N	70	50	30	10	0	10	30	50	70	90°S
Koeffizienten - neu -	242	243	232	191	190	204	208	245	284	298	306
- alt -	224	223	207	167	165	178	180	214	252	266	274
Zuwachs in %	8.1	9.2	12.0	14.5	14.9	14.7	15.3	14.1	12.7	12.2	11.7

6.4 NO$_x$ - Reaktionen

Die letzten Rechenexperimente sollten Aufschluß geben über das Verhalten des Modells bei Berücksichtigung von Stickoxidreaktionen. Der Abschnitt 2.3 lieferte dafür die theoretischen Grundlagen. Das Modell entsprach genau dem 60%-Zirkulationsmodell mit der gleichen Anfangsverteilung wie vorher.

Einzige Änderung war die Berücksichtigung eines ozonzerstörenden Zusatzterms - $k_{N_1} \cdot NO \cdot O_3$ - (vgl. Gleichung (2.32)). Als NO$_x$-Anfangsverteilung wurde ein Profil gemäß (6.1) gewählt:

$$NO_x(z) = NO_x(20) \exp\left(-\frac{|z - 20|}{3}\right), \quad z \text{ in km.} \tag{6.1}$$

NO$_x$(z) bedeutet die NO$_x$-Konzentration in der Höhe z; das Konzentrationsmaximum NO$_x$(20) liegt bei 20 km Höhe, der angenommenen mittleren Reiseflughöhe zukünftiger Überschallflugzeuge. Oberhalb und unterhalb 20 km wurde also eine exponentielle Konzentrationsabnahme mit einem 1/e-Abfall von 3 km angenommen. Die Abb. 23 enthält schraffiert angedeutet dieses NO$_x$-Profil. Der Wert 2×10^9 Moleküle/cm^3 entspricht einem in der Literatur für möglich gehaltenen NO$_x$-Verschmutzungsgrad der Stratosphäre [CRUTZEN 1971]. NO und NO$_2$ waren zu Beginn in gleicher Konzentration vorhanden.

Die mit dieser Testrechnung erzielten Ergebnisse sind in den Abb. 23/24 dargestellt. Abb. 23 zeigt einen Meridianschnitt der Ozonverteilung, errechnet nach 360 Tagen Integrationszeit aus einer Gleichgewichtsanfangsverteilung (ausgezogene Linien). Im Gebiet oberhalb ≈ 28 km, also der überwiegend photochemisch beherrschten Region, sind die Änderungen gegenüber der Rechnung ohne NO$_x$ (gestrichelte Linien) minimal (ca. 5%). Darunter bildet sich eine Zone extrem starker Vertikalgradienten im Ozon heraus, hervorgerufen durch die hier wirksamen NO$_x$-Reaktionen.

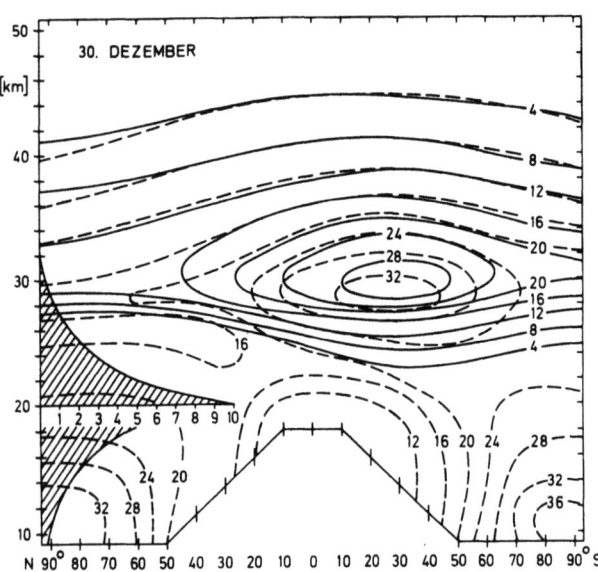

Abb. 23: Ozonverteilungen nach 360 Tagen Integrationszeit für das 60%-Hesstvedt-Modell (- - -) sowie bei zusätzlicher Annahme einer hypothetischen NO$_x$-Schicht (——). Die Lage der NO$_x$-Schicht ist durch Schraffierung angedeutet. Einheiten: O$_3$ [10^{11} Moleküle/cm^3], NO bzw. NO$_2$ [10^8 Moleküle/cm^3].

Das neue relative Maximum erscheint 1 km nach oben verlagert. Unterhalb 22 km wird nahezu alles Ozon abgebaut. Die in Wirklichkeit in hohen Breiten zu beobachtenden und durch Transportmechanismen gebildeten Ozonmaxima werden in diesem Experiment überhaupt nicht erzeugt. Die hier für den 30. Dezember in Abb. 23 erläuterten Ergebnisse gelten sinngemäß auch für andere Zeitpunkte. Der gesamte Ozonhaushalt erscheint als überwiegend photochemisch gesteuert, da die Gebiete vorherrschender Transporteffekte abgeschnürt werden.

Abb. 24 stellt das Gesamtozon in Abhängigkeit von der geographischen Breite für die Rechnung ohne NO$_x$ (Hesstvedt-Modell, 30. Dezember) und für die Rechnung mit NO$_x$-Profil für die Zeitpunkte t = 30, 180 und 360 Tage dar.

Die beiden 360 Tage-Kurven (gestrichelte und punktierte Linien) zeigen für niedere Breiten Abweichungen von ca. 30%, für höhere Breiten über 70%. Die Tatsache, daß der Ozonhaushalt überwiegend photochemisch beherrscht wird, zeigt sich auch an der völligen Spiegel-

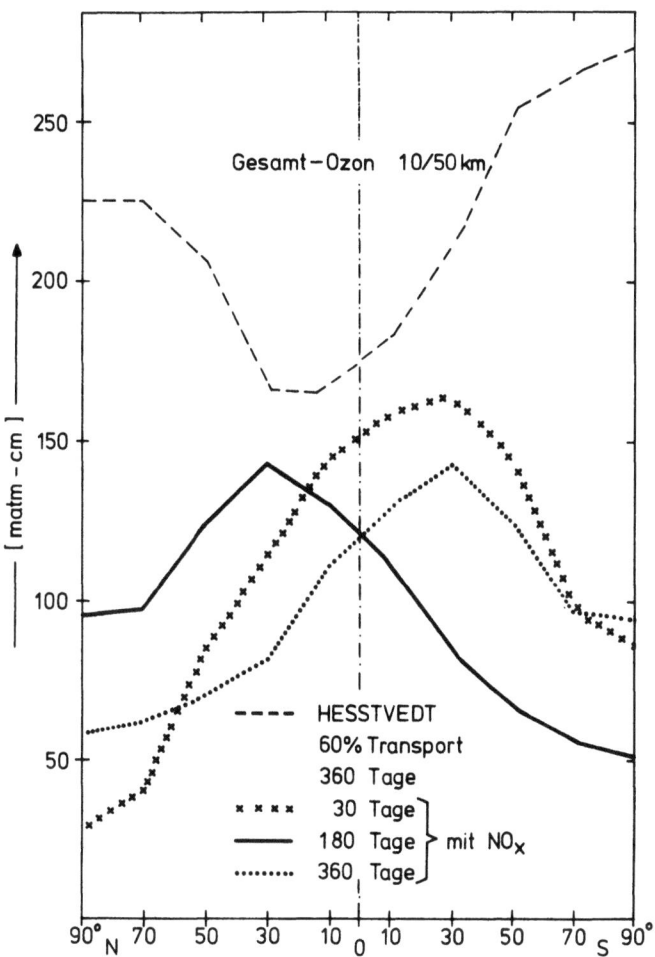

Abb. 24: Meridionale Verteilung des Gesamtozons für das 60%-Hesstvedt-Modell sowie bei Einbeziehung der NO_x-Reaktionen

symmetrie der 180 Tage- und 360 Tage-Kurven, die ihre Maxima in der Äquatorregion über der Breite des maximalen Sonnenstandes aufweisen.

Für den Fall, daß man die hier verwendete NO_x-Photochemie als geeignet zur Untersuchung stratosphärischer Stickoxidreaktionen anerkennt, lassen sich folgende Feststellungen treffen:
Zukünftiger Überschallflugverkehr könnte in niederen Breiten eine mittlere Reduzierung der Ozonschicht bewirken; in höheren Breiten wäre mit einer katastrophalen Verminderung zu rechnen. Allerdings ist zu beachten, daß selbst bei einer Beschränkung des Luftverkehrs auf niedere Breiten in die äquatoriale Stratosphäre künstlich injizierten Stickoxide wegen ihrer Langlebigkeit durch Transporte bis in hohe Breiten gelangen können, wo - wie gesagt - die photochemische Wirkung katastrophal wäre.

Die hier angestellten Überlegungen stützen sich wesentlich auf die Annahme, daß ein dichter SST-Verkehr zur Ausbildung einer hier hypothetisch angenommenen "NO_x-Schicht" führen wird.

Eingehendere Untersuchungen sollten den hier zu Tage tretenden Fragenkomplex über mögliche Quellen und Senken der stratosphärischen Stickoxide lösen helfen, wobei nicht zuletzt an Laboruntersuchungen über Reaktionen zwischen NO_x und O_3 zu denken ist.

7. Schlußbemerkungen

Die vorliegenden Untersuchungen zeigen, daß man mit den heute zur Verfügung stehenden Informationen über die Stratosphäre in Verbindung mit photochemischen Theorien in der Lage ist, die groben Zusammenhänge über den Ozonkreislauf theoretisch zu erfassen. Im Detail gesehen ist der heutige Wissensstand aber noch zu lückenhaft, um quantitativ den Ozonhaushalt zu simulieren. Dies gilt ganz besonders für die mittleren stratosphärischen Zirkulationsvorgänge. Diese spielen offenbar in der unteren polaren Stratosphäre eine ganz hervorragende Rolle, was die Ausbildung der polaren vertikalen Ozonprofile betrifft. Es hat nach den vorliegenden Rechnungen den Anschein, als ob in hohen Breiten mit äquatorwärts gerichteten Windkomponenten zu rechnen ist. Nur durch diese Annahme können die Diskrepanzen zwischen Modell und Beobachtungen gedeutet werden.

Neuere Zirkulationsdaten von VINCENT [1968] konnten ebenfalls keine Verbesserungen bewirken. Außerdem bleibt zweifelhaft, ob die VINCENT-Daten, welche nur jeweils getrennt für die Jahre 1964 und 1965 die Windkomponenten liefern, als Einzelstudien für das hier zu lösende Problem angemessen sind. Umfangreiche Untersuchungen mindestens der unteren Stratosphäre, die auch mittlere Windkomponenten - meridionale wie vertikale - zu berechnen gestatten, erscheinen also dringend geboten.

Ähnliches gilt für Laboruntersuchungen zur experimentellen Bestimmung der Reaktionskoeffizienten.

Nur eingehende Untersuchungen über photochemische und Transportvorgänge werden es gestatten, Ozon erfolgreich als aktiven Bestandteil in Zirkulationsmodellen zu verwenden, so wie es heute schon mit dem Kasahara-Washington-Modell im National Center for Atmospheric Research in Boulder, Colorado, versucht wird.

8. Zusammenfassung

Der großräumige stratosphärische Ozonkreislauf unter Berücksichtigung von photochemischer Quelle, mittlerer Meridionalzirkulation und Großturbulenz sowie Verlust an die Troposphäre wurde in einem zweidimensionalen Rechenmodell als zeitabhängiges Problem studiert.

Die photochemische Quelle wurde berechnet einerseits nach der klassischen Theorie des atmosphärischen Ozons [CHAPMAN 1930] sowie andererseits nach einer neueren "feuchten" Theorie [HESSTVEDT 1968].

Als Zirkulationsschema fanden Daten von MURGATROYD und SINGLETON [1962] Verwendung. Die Großturbulenz wurde simuliert durch Annahme von vertikaler und horizontaler Diffusion, beschrieben durch Diffusionskoeffizienten nach REED und GERMAN [1965].

Nach einem Integrationszeitraum von 360 Tagen konnte im Falle der feuchten Theorie ein quasistationärer Endzustand erreicht werden.

Bei Annahme der 0,6-fachen von MURGATROYD und SINGLETON angegebenen Windkomponenten gelingt es, Jahresgänge des Gesamtozons mit befriedigender Genauigkeit zu reproduzieren. Die Absolutbeträge des Gesamtozons bleiben dabei stets unter den beobachteten. Der Maximalwert wird mit fast

300 Dobson-Einheiten auf der Nordhalbkugel über dem Pol Ende April, über dem Südpol Mitte Oktober erreicht. Die äquatorialen Änderungen bleiben während des ganzen Jahres gering.

Die Vertikalverteilung kann nur bis zu mittleren Breiten mit befriedigender Genauigkeit simuliert werden. Eine festzustellende Ansammlung des Ozons über der Tropopause in hohen Breiten stellt keine realistische Verteilung dar. Sie wird zurückgeführt auf unzureichende Kenntnisse über mittlere Windkomponenten und Diffusionskoeffizienten.

Der Einfluß verschiedener Reaktionskoeffizienten sowie des Wasserdampfgehaltes in der Stratosphäre wird berücksichtigt.

Die wichtigsten Stickoxidreaktionen werden modellmäßig in Verbindung mit der Hesstvedt-Theorie getestet. Danach würde eine künstliche NO_x-Schicht das Gesamtozon in mittleren und hohen Breiten drastisch reduzieren. Die Ergebnisse werden im Zusammenhang mit künftiger NO_x-Verschmutzung durch Überschallflugverkehr diskutiert.

Summary

The stratospheric ozone cycle in terms of photochemistry, mean meridional circulation, large-scale eddy diffusion and tropospheric loss processes has been treated as a time-dependent problem in a two-dimensional numerical model.

The photochemical source has been simulated by the classical Chapman scheme [CHAPMAN 1930] and one of the latest "wet theories" [HESSTVEDT 1968].

Circulation data have been adopted from MURGATROYD and SINGLETON [1962]; eddy diffusion coefficients after REED and GERMAN [1965] have been used.

In the case of Hesstvedt's theory a quasistationary state has been obtained after 360 days of integration time.

Annual variations of total ozone can be simulated to a sufficient degree of accuracy when MURGATROYD and SINGLETON's data are multiplied by a factor of 0.6. Maximum values of approximately 300 Dobson units are produced in late-April and mid-October above the North- and South-Pole respectively. The equatorial variations turn out to be very small.

Only for mid-latitudes the vertical distribution can be reproduced satisfactorily. An unrealistic high-latitude accumulation above the tropopause seems to be due to insufficient knowledge about mean wind-components and diffusion coefficients.

The influence of various reaction coefficients and stratospheric water content has been taken into account.

Including the main nitrogen oxide reactions a drastic reduction of the ozone shield in middle and high latitudes occurs when an artificial NO_x-layer is adopted. These results are discussed in connection with stratospheric pollution from SST-exhaust.

Die für die vorliegende Arbeit notwendigen umfangreichen Rechnungen wurden zum Teil auf der UNIVAC 1108 der Gesellschaft für wissenschaftliche Datenverarbeitung mbH., Göttingen, ausgeführt.

Der größte Teil der endgültigen Ergebnisse wurde während eines zweimonatigen Aufenthalts am National Center for Atmospheric Research in Boulder/Colorado (USA) mit Hilfe der Großrechenanlage CDC 6600/7600 erzielt.

Herrn Dr. P. Fabian schulde ich Dank für die Übertragung der Arbeit, seine Bemühungen um die Ermöglichung des Amerika-Aufenthaltes sowie seine bereitwillige Unterstützung bei der Bewältigung mancher Anfangsschwierigkeiten.

Meinem Institutskollegen Herrn Dr. P. G. Pruchniewicz danke ich für die jederzeit kameradschaftliche Bereitschaft zur Diskussion strittiger Fragen.

Herrn Professor Dr. G. Fischer gilt mein Dank für seine Betreuung der Arbeit und wertvollen Anregungen.

Ganz besonderer Dank gebührt nicht zuletzt den NCAR-Angehörigen Herrn Dr. R. Cadle für zahlreiche klärende Gespräche über Probleme der Photochemie und Herrn Dr. W. Washington für die großzügige Gewährung von Rechenzeit.

9. Formelzeichen

A, B, C	Abkürzungen
f	Dissoziationsrate
h	Plancksches Wirkungsquantum
K_y, K_z	Diffusionskoeffizienten
k	Reaktionskoeffizient
N_A	Avogadro-Zahl
p	Druck
p_o	Normaldruck
q	Wasserdampfmischungsverhältnis
T	Temperatur
T_o	Normaltemperatur (273 K)
t	Zeit; auch Stundenwinkel
u, v, w	Windkomponenten
x, y, z	Koordinaten
X_i	Konzentration des i-ten Absorbers
$\alpha(\lambda)$	Absorptionskoeffizient
$\beta(\varphi, t)$	Tropopausenfunktion
φ	geographische Breite
δ	Deklination
λ	Wellenlänge
ν	Frequenz
$\sigma(\lambda)$	Absorptionsquerschnitt
$\Phi(z, \lambda)$	solarer Photonenfluß
$\Phi_\infty(\lambda)$	solarer Photonenfluß, extraterrestrisch
ζ	Zenitdistanz
χ	Ozon-Mischungsverhältnis
τ	Einstellzeit
τ_o	troposphärische Aufenthaltszeit
ρ	Druckkorrektur
∇	Nabla-Operator
$\Delta\lambda$	Spektralintervall
Δt	Zeitschritt
$\mathbf{w}$	Windvektor
$\emptyset$	Null

Literaturverzeichnis

BAULCH, D.L., D.D. DRYSDALE und D.G. HORNE:
Critical evaluation of rate data for homogeneous gas phase reactions. - Vol. 5, School of Chemistry, University of Leeds, England, 1970.

BENSON, S.W. und A.E. AXWORTHY:
Reconsiderations of the rate constants from the thermal decomposition of ozone. - Journ. Chem. Phys., 42, 2614-2615, 1965.

BREWER, A.W. und A.W. WILSON: Measurements of solar ultraviolet radiation in the stratosphere. - Quart. Journ. Roy. Met. Soc., 91, 452-461, 1965.

BRINKMANN, R.T., A.E.S. GREEN und C.A. BARTH:
A digitalized solar ultraviolet spectrum. - JPL Techn. Rep. No. 32-951, Calif. Inst. of Technology, Pasadena, Calif., August 1966.

CAMPBELL, E.S. und C. NUDELMAN:
Reaction kinetics, thermodynamics and transport processes in the ozone oxygen system. - AFOSR TN-60-502, New York University, 1960.

CARTER, L.J.:
The global environment: M.I.T. study looks for danger signs. - Science, 169, 660, 1970.

CHAPMAN, S.:
A theory of upper-atmospheric ozone. - Mem. Roy. Met. Soc., 3, 103, 1930.

COSPAR INTERNATIONAL REFERENCE ATMOSPHERE,
North Holland Publishing Company, Amsterdam, 1965.

CRUTZEN, P.J.:
On some photochemical and meteorological factors determining the distribution of ozone in the stratosphere; effects of contamination by NO_x emitted from aircraft. - Inst. of Met., Univ. Stockholm, Rep. AP-6, 1971.

DETWILER, C.R., D.L. GARRETT, J.D. PURCELL und R. TOUSEY:
The intensity distribution in the ultraviolet solar spectrum. - Ann. Geophys., 17, 263-272, 1961.

DITCHBURN, R.W. und D.W.O. HEDDLE:
Absorption cross-sections in the vacuum ultraviolet. I. Continuous absorption of oxygen (1800 to 1300 Å). - Proc. Roy. Soc.,(London), A 220, 61-70, 1953.

DITCHBURN, R.W. und P.A. YOUNG:
The absorption of molecular oxygen between 1850 and 2500 Å. - Journ. Atm. Terr. Phys., 24, 127-139, 1962.

DOPPLICK, T.G.:
Global radiative heating of the earth's atmosphere. - Planetary Circulations Project, M.I.T., Rep. No. 24, 1970.

DÜTSCH, H.U.:
Photochemistry of atmospheric ozone. - Advances in Geophys., 15, 219-322, 1971.

FABIAN, P.:
Über eine neue Ozonradiosonde und Untersuchung von Lufttransporten in der unteren Stratosphäre. - Dissertation, Univ. Göttingen, 1967, Mitt. Max-Planck-Inst. f. Aeronomie, Nr. 28, Berlin-Heidelberg-New York, Springer-Verlag, 1967.

FABIAN, P., W.F. LIBBY und C.E. PALMER:
Stratospheric residence time and interhemispheric mixing of strontium 90 from fallout in rain. - Journ. Geophys. Res., 73, No. 12, 3611-3616, 1968.

FABIAN, P., P.G. PRUCHNIEWICZ und A. ZAND:
Transport- und Austauschvorgänge in der Atmosphäre und ihre Erforschung mit Spurenstoffen. -
Naturwissenschaften, 58, 541-549, 1971.

FONER, S.N. und R.L. HUDSON: Mass spectroscopy of the HO_2 free radical. - Journ. Chem. Phys., 36, 2681-2692, 1962.

FONTIJN, A., C.B. MEYER und H.I. SCHIFF:
Absolute quantum yield measurements of the NO- O reactions and its use as a standard for the chemiluminescent reactions. - Journ. Chem. Phys., 40, 40, 1964.

GEBHART, R.: Photochemical, advective and turbulent effects on the meridional distribution of ozone. - Arch. Met. Geophys., Bioklim. A, 17, H. 4, 301-335, 1968.

GEBHART, R., R. BOJKOV und J. LONDON:
Stratosphärisches Ozon: Eine Gegenüberstellung von Beobachtungen und Berechnungen. - Beitr. Phys. Atm., 43, 209-227, 1970.

HAAGEN-SMIT, A.J., C.E. BRADLEY und M.M. FOX:
Ozone formation in photochemical oxidation of organic substances. - Industr. Engeneering Chem. 45, 2086-2089, 1953.

HALL, T.C., jr. und F.E. BLACET: Separation of the absorption spectra of NO_2 and N_2O_4 in the range of 2400-5000 Å. - Journ. Chem. Phys. 20, No. 11, 1745-1749, 1952.

HAMPSON, J.: Photochemical behavior of the ozone layer. - Techn. Note 1627/64, C.A.R.D.E., Valcartier, Quebec, 1964.

HESSTVEDT, E.: Some characteristics of the oxygen-hydrogen atmosphere. - Geofys. Publ., XXVI, No. 1, 308-321, 1965.

HESSTVEDT, E.: On the photochemistry of ozone in the ozone layer. - Geofys. Publ., XXVII, No. 5, 1968.

HILSENRATH, E.: Ozone measurements in the mesosphere and stratosphere during two significant geophysical events. - Journ. Atm. Sci., 28, 295-297, 1971.

HUNT, B.G.: Photochemistry of ozone in a moist atmosphere. - Journ. Geophys. Res., 71, No. 5, 1385-1398, 1966 a.

HUNT, B.G.: The need for a modified photochemical theory of the ozonosphere. - Journ. Atm. Sci., 23, 88-95, 1966 b.

JOHNSTON, H.: Catalytic reduction of stratospheric ozone by nitrogen oxides. - Univ. of Calif., Berkeley, Rep. UCRL-20568, 1971.

KAUFMAN, F.: Aeronomic reactions involving hydrogen, a review of recent laboratory studies. - Ann. Geophys., 20, 106-114, 1964.

McKINNON, D. und H.W. MOREWOOD:
Water vapor distribution in the lower stratosphere over North and South America. - Journ. Atm. Sci., 27, No. 3, 483-493, 1970.

KOMHYR, W.D., E.C. BARRETT, G. SLOCUM und H.K. WEICKMAN:
Atmospheric total ozone increases during the 1960 s. - Nature, 232, 390-391, 1971.

LABS, D. und H. NECKEL: The radiation of the solar photosphere from 2000 Å to 100 μ. - Z. Astroph., 69, 1-73, 1968.

LEOVY, C.B.: Atmospheric ozone: An analytic model for photochemistry in the presence of water vapor. - Journ. Geophys. Res. 74, No. 2, 417-426, 1969.

LOCKHART, L.B., jr., R.L. PATTERSON, jr., A.W. SAUNDERS und R.W. BLACK:
Fisson product radioactivity in the air along the 80th meridian (west) during 1959. - Journ. Geophys. Res., 65, No. 12, 3987-3997, 1960.

DE MORE, W.B. und O.F. RAPER: Deactivation of $O(^1D)$ in the atmosphere. - Astrophys. Journ., 139, 1381-1383, 1964.

MURGATROYD, R.J. und F. SINGLETON:
Possible meridional circulations in the stratosphere and mesosphere. - Quart. Journ. Roy. Met. Soc., 87, No. 372, 125 - 135, 1961.

NEWELL, R.E. : Transfer through the tropopause and within the stratosphere. - Quart. Journ. Roy. Met. Soc., 89, 167 - 204, 1963.

NICOLET, M. : Nitrogen oxides in the chemosphere. - Journ. Geophys. Res., 70, No. 3, 679 - 689, 1965.

NY TSI-ZE und CHOONG SHIN-PIAW: Die vertikale Verteilung des atmosphärischen Ozons (von F.W.P. GÖTZ) in: Ergebnisse der kosmischen Physik III. - Akad. Verlagsges. m.b.H., Leipzig, 253 - 325, 1938.

PRABHAKARA, C. : Effects of non-photochemical processes on the meridional distribution and total amount of ozone in the atmosphere. - Month. Weath. Rev., 91, No. 9, 411 - 431, 1963.

REED, R. und K. GERMAN: A contribution to the problem of stratospheric diffusion by large-scale mixing. - Month. Weath. Rev., 93, No. 5, 313 - 321, 1965.

RENZETTI, N.A. : Ozone in Los Angeles atmosphere, Ozone chemistry and technology. - Advances in Chemistry Series, No. 21, 230 - 262, American Chem. Soc., Washington, D.C., 1959.

RONEY, P.L. : On the influence of water vapour on the distribution of stratospheric ozone. - Journ. Atm. Terr. Phys., 27, 1177 - 1190, 1965.

SCHIFF, H.I. : Neutral reactions involving oxygen and nitrogen. - Can. Journ. Chem., 47, 1903, 1969.

TANAKA, Y., E.C.Y. INN und K. WATANABE:
Absorption coefficients of gases in the vacuum ultraviolet, part IV: Ozone. - Journ. Chem. Phys., 21, 1651 - 1653, 1953.

VASSY, A. : Coefficients d'absorption de l'ozone dans la région des bandes de Chappuis. - C.R. Acad. Sci., Paris, 206, 1638, 1938.

VINCENT, D.G. : Mean meridional circulations in the northern hemisphere lower stratosphere during 1964 and 1965. - Quart. Journ. Roy. Met. Soc., 94, No. 401, 333 - 349, 1968.

VOLMAN, D.H. : Advances in photochemistry, 1, 43, 1963.

Verzeichnis der Mitteilungen aus dem Max-Planck-Institut für Physik der Stratosphäre

Nr. 1/1953 Über den Beitrag der von μ-Mesonen angestoßenen Elektronen zu den Ultrastrahlungsschauern unter Blei. G. Pfotzer

Nr. 2/1954 Ein Zählrohrkoinzidenzgerät zur Registrierung der kosmischen Ultrastrahlung. A. Ehmert

Eine einfache Methode zur Einstellung und Fixierung des Expansionsverhältnisses von Nebelkammern. G. Pfotzer

Nr. 3/1954 Optische Interferenzen an dünnen, bei -190°C kondensierten Eisschichten. Erich Regener (vergriffen)

Nr. 4/1955 Über die Messung der Temperatur des atmosphärischen Ozons mit Hilfe der Huggins-Banden. H. Zschörner und H. K. Paetzold

Nr. 5/1956 Ein neuer Ausbruch solarer Ultrastrahlung am 23. Februar 1956. A. Ehmert und G. Pfotzer, vergriffen (erschienen Z. Naturforschung 11a, 322, 1956)

Nr. 6/1956 Das Abklingen der solaren Ultrastrahlung beim Ausbruch am 23. Februar 1956 und die geomagnetischen Einfallsbedingungen. A. Ehmert und G. Pfotzer

Nr. 7/1956 Die Impulsverteilung der solaren Ultrastrahlung in der Abklingphase des Strahlungseinbruches am 23. Februar 1956. G. Pfotzer

Nr. 8/1956 Die atmosphärischen Störungen und ihre Anwendung zur Untersuchung der unteren Ionosphäre. K. Revellio

Nr. 9/1956 Solare Ultrastrahlung als Sonde für das Magnetfeld der Erde in großer Entfernung. G. Pfotzer

*

Die vorstehenden Hefte können beim Max-Planck-Institut für Aeronomie, 3411 Lindau angefordert werden.

Mitteilungen aus dem Max-Planck-Institut für Aeronomie

Nr. 1 (S) 1959 Waibel: Messungen von Primärteilchen der kosmischen Strahlung.

Nr. 2 (S) 1959 Erbe: Auswirkung der Variationen der primären kosmischen Strahlung auf die Mesonen- und Nukleonenkomponente am Erdboden.

Nr. 3 (I) 1960 Kohl: Bewegung der F-Schicht der Ionosphäre bei erdmagnetischen Bai-Störungen.

Nr. 4 (I) 1960 Becker: Tables of ordinary and extraordinary refractive indices, group refractive indices and $h'_{o,x}(f)$-curves or standard ionospheric layer models.

Nr. 5 (S) 1961 Schröpl: Über eine Neubestimmung des Absorptionskoeffizienten von Ozon im Ultraviolett bei kleinen Konzentrationen.

Nr. 6 (S) 1961 Erbe: Ergebnisse der Ballonaufstiege zur Messung der kosmischen Strahlung in Weissenau und Lindau.

Nr. 7 (S) 1962 Meyer: Elektromagnetische Induktion eines vertikalen magnetischen Dipols über einem leitenden homogenen Halbraum.

Nr. 8 (I u. S) 1962 Dieminger und Mitarb.: Die geophysikalischen Ereignisse des 12. - 14. November 1960.

Nr. 9 (S) 1962 Pfotzer, Ehmert, and Keppler: Time Pattern of Ionizing Radiation in Balloon Altitudes in High Latitudes. Part A, Text; Part B, Figures and Diagrams.

Nr. 10 (S) 1963 Waibel: Eine Ballonsonde zur Messung von Röntgenstrahlung und solarer Ultrastrahlung.

Nr. 11 (S) 1963 Voelker: Zur Breitenabhängigkeit erdmagnetischer Pulsationen.

Nr. 12 (S) 1963 Jaeschke: Registrierung von Pulsationen im südlichen Niedersachsen als Beitrag zur erdmagnetischen Tiefensondierung.

Nr. 13 (S) 1963 Meyer: Elektromagnetische Induktion in einem leitenden homogenen Zylinder durch äußere magnetische und elektrische Wechselfelder.

Nr. 14 (S) 1964 Kremser: Über den Zusammenhang zwischen Röntgenstrahlungs-Ausbrüchen in der Polarlichtzone und bayartigen erdmagnetischen Störungen.

Nr. 15 (S) 1964 Keppler: Messung von Röntgenstrahlung und solaren Protonen mit Ballongeräten in der Nordlichtzone.

Nr. 16 (S) 1964 Kirsch: Die Anisotropien der kosmischen Strahlung.

Nr. 17 (S) 1964 Guilino: Ausbau eines Wechsellichtmonochromators und seine Anwendung zur Messung des Luftleuchtens während der Dämmerung und in der Nacht.

Nr. 18 (S) 1965 Pfotzer and Ehmert: Measurements of High Energetic Auroral Radiations with Balloon-Borne Detectors in 1962 and 1963 Part A to C, Text; Part D, Figures and Diagrams.

Nr. 19 **(I)** 1965 Hartmann: Bestimmung wichtiger Satellitenpositionen mit Hilfe graphischer Darstellungen.

Nr. 20 **(S)** 1965 Keppler: Über die Eigenschaften von Zählrohren und Ionisationskammern in verschiedenartigen Strahlungsfeldern. - Zur Interpretation von Röntgenstrahlungsmessungen in Ballonhöhe in der Nordlichtzone.

Nr. 21 **(S)** 1965 Siebert: Zur Theorie erdmagnetischer Pulsationen mit breitenabhängigen Perioden.

Nr. 22 **(S)** 1965 Meyer: Zur 27 täglichen Wiederholungsneigung der erdmagnetischen Aktivität, erschlossen aus den täglichen Charakterzahlen C 8 von 1884-1964.

Nr. 23 **(S)** 1965 Frisius: Über die Bestimmung von Längstwellen - Ausbreitungsparametern aus Feldstärkemessungen am Erdboden.

Nr. 24 **(I)** 1965 Ma: Einfluß der erdmagnetischen Unruhe auf den brauchbaren Frequenzbereich im Kurzwellen-Weitverkehr am Rande der Nordlichtzone.

Nr. 25 **(S)** 1965 Kremser, Keppler, Bewersdorff, Saeger, Ehmert, Pfotzer, Riedler, Legrand: X - Ray Measurements in the Auroral Zone from July to October 1964.

Nr. 26 **(I)** 1966 Stubbe: Theoretische Beschreibung des Verhaltens der nächtlichen F - Schicht.

Nr. 27 **(S)** 1966 Wilhelm: Registrierung und Analyse erdmagnetischer Pulsationen der Polarlichtzone, sowie ein Vergleich mit Bremsstrahlungsmessungen.

Nr. 28 **(S)** 1967 Fabian: Über eine neue Ozonradiosonde und Untersuchung von Lufttransporten in der unteren Stratosphäre.

Nr. 29 **(S)** 1967 Specht: Über die Absorptions- und Emissionsstrahlung der atmosphärischen Ozonschicht bei der Wellenlänge 9,6 μ.

Nr. 30 **(I)** 1967 Rose und Widdel: Ein Meßgerät zur Bestimmung der Strömungsgeschwindigkeit in kurzen Rohren (Ionenzählern) bei niedrigem Gasdruck.

Nr. 31 **(I)** 1967 Hartmann: Die Amplitudenregistrierungen des Satelliten Explorer 22, unter besonderer Berücksichtigung der Effekte, die bei Elevationswinkeln kleiner als 45° auftreten.

Nr. 32 **(I)** 1967 Rüster: Lösung von Bewegungsgleichungen und Kontinuitätsgleichung der F - Schicht mit speziellen Anwendungen auf erdmagnetische Baistörungen.

Nr. 33 **(S)** 1968 Müller: Zur Modulation der kosmischen Strahlung.

Nr. 34 **(S)** 1968 Münch: Statistische Frequenzanalyse von erdmagnetischen Pulsationen.

Nr. 35 (S) 1968 Schreiber: Das Magnetfeld des Ringstroms während der Hauptphase erdmagnetischer Stürme und ein Vergleich mit dem beobachteten D_{st}-Anteil des Störfeldes.

Nr. 36 (I) 1968 Elling: Spezielle Näherungsformeln der Appleton-Hartree-Gleichungen zur Interpretation der Absorption einer Mittelwellenausbreitung im nächtlichen E-Gebiet der Ionosphäre.

Nr. 37 (I) 1968 Jones: Application of the Geometrical Theory of Diffraction to Terrestrial L F Radio Wave Propagation.

Nr. 38 (S) 1969 Zürn: Zum weltweiten Auftreten erdmagnetischer Pulsationen vom Typ pc 4.

Nr. 39 (S) 1969 Tiefenau: Untersuchungen an Kanal-Elektronen-Vervielfachern.

Nr. 40 (S) 1970: Sonderheft zum 60. Geburtstag von Herrn Prof. Dr.-Ing. G. Pfotzer am 29. November 1969 und Herrn Prof. Dr.-Ing. A. Ehmert am 6. März 1970.

Nr. 41 (S) 1970 Stratmann: Berechnung des Wellenfeldes eines Längstwellensenders im Entfernungsbereich bis 1000 km zur kontinuierlichen Sondierung der tiefen Ionosphäre durch Feldstärkemessungen in geeigneten Entfernungen vom Sender.

Nr. 42 (S) 1970 Pruchniewicz: Über ein Ozon-Registriergerät und Untersuchung der zeitlichen und räumlichen Variationen des Troposphärischen Ozons auf der Nordhalbkugel der Erde.

Nr. 43 (S) 1970 Richter: Über eine Ballonsonde für Polarlichtmessungen und über den Vergleich von Polarlichtemissionen, Röntgenstrahlen und ionosphärischen Absorptionen.

Nr. 44 (S) 1970 Niapour: Untersuchungen über die mittlere Multiplizität der Verdampfungsneutronen als Maß für die Veränderungen des Energiespektrums der kosmischen Strahlung.

Nr. 45 (S) 1971 Tiefenau: Messungen von Ozonprofilen über dem Meer und Bestimmung des Ozonflusses in die Meeresoberfläche sowie der spezifischen Ozonzerstörungsrate in der maritimen Grenzschicht.

Nr. 46 (S) 1972 Roeckner: Temperaturberechnung der Venusatmosphäre bis 80 km Höhe aufgrund solarer und thermischer Strahlungsströme sowie konvektiver und turbulenter Wärmetransporte.

Nr. 47 (S) 1972 Holl: Zur Theorie thermisch angeregter Gezeiten in der E-Schicht der Ionosphäre.

Nr. 48 (I) 1972 Hartmann, Oberländer, Schmidt, Schödel: Satellite Beacon Observations from 1964 to 1970.

Nr. 49 (S) 1972 Stüdemann: Direkte Teilchenmessungen im Morgensektor der Polarlichtzone.

If you have any concerns about our products,
you can contact us on
ProductSafety@springernature.com

In case Publisher is established outside the EU,
the EU authorized representative is:
**Springer Nature Customer Service Center GmbH
Europaplatz 3, 69115 Heidelberg, Germany**

Printed by Libri Plureos GmbH
in Hamburg, Germany